中国古典家具

技艺全书·解析经典

金荣题

"十三五" 国家重点图书　　总顾问：李　坚　刘泽祥　刘文金
2020 年度国家出版基金资助项目　　总主编：周京南　朱志悦　杨　飞

国家出版基金项目
NATIONAL PUBLICATION FOUNDATION

中国古典家具技艺全书

（第二批）

解析经典⑦

承具Ⅲ（炕案、条案、架几案）

第十七卷

（总三十卷）

主　编：周京南　卢海华　董　君

中国林业出版社

图书在版编目（ＣＩＰ）数据

解析经典 . ⑦ / 周京南等总主编 . —— 北京 ： 中国林业出版社 ， 2021.1
（中国古典家具技艺全书 . 第二批）

ISBN 978-7-5219-1019-3

Ⅰ . ①解… Ⅱ . ①周… Ⅲ . ①家具－介绍－中国－古代 Ⅳ . ① TS666.202

中国版本图书馆 CIP 数据核字 (2021) 第 023785 号

出　版　人：刘东黎
总　策　划：纪　亮
责任编辑：王思源

出　　版：中国林业出版社（100009 北京市西城区刘海胡同 7 号）
印　　刷：北京利丰雅高长城印刷有限公司
发　　行：中国林业出版社
电　　话：010 8314 3610
版　　次：2021 年 1 月第 1 版
印　　次：2021 年 1 月第 1 次
开　　本：889mm×1194mm，1/16
印　　张：18
字　　数：300 千字
图　　片：约 780 幅
定　　价：360.00 元

《中国古典家具技艺全书》（第二批）
总编撰委员会

总 顾 问：李 坚　刘泽祥　刘文金
总 主 编：周京南　朱志悦　杨 飞
书名题字：杨金荣

《中国古典家具技艺全书——解析经典⑦》

主　　　编：周京南　卢海华　董 君
编 委 成 员：方崇荣　蒋劲东　马海军　纪 智　徐荣桃
参与绘图人员：李 鹏　孙胜玉　温 泉　刘伯恺　李宇瀚
　　　　　　　李 静　李总华

凡 例

一、本书中的木工匠作术语和家具构件名称主要依照
王世襄先生所著《明式家具研究》的附录一《名
词术语简释》，结合目前行业内通用的说法，力
求让读者能够认同。

二、本书分有多种图题，说明如下：

1. 整体外观为家具的推荐材质外观效果图。

2. 三视结构为家具的三个视角的剖视图。

3. 用材效果为家具的三种主要珍贵用材的展示效果图。

4. 结构爆炸为家具的零部件爆炸图。

5. 结构示意为家具的结构解析和标注图，按照构件的
部位或类型分类。

6. 细部效果和细部结构为对应的家具构件效果图和三
视图，其中细部结构中部分构件的俯视图或左视
图因较为简单，故省略。

三、本书中效果图和 CAD 图分别编号，以方便读者查找。

四、本书中每件家具的穿销、栽榫、楔钉等另加的榫卯只
绘出效果图，并未绘出 CAD 图，读者在实际使用中，
可以根据家具用材和尺寸自行决定此类榫卯的数量
和大小。

序 言

李 坚 中国工程院院士

讲到中国的古家具，可谓博大精深，灿若繁星。

从神秘庄严的商周青铜家具，到浪漫拙朴的秦汉大漆家具；从壮硕华美的大唐壸门结构，到精炼简雅的宋代框架结构；从秀丽俊逸的明式风格，到奢华繁复的清式风格，这一漫长而恢宏的演变过程，每一次改良，每一场突破，无不渗透着中国人的文化思想和审美观念，无不凝聚着中国人的汗水与智慧。

家具本是静物，却在中国人的手中活了起来。

木材，是中国古家具的主要材料。通过中国匠人的手，塑出家具的骨骼和形韵，更是其商品价值的重要载体。红木的珍稀世人多少知晓，紫檀、黄花梨、大红酸枝的尊贵和正统更是为人称道，若是再辅以金、骨、玉、瓷、珐琅、螺钿、宝石等珍贵的材料，其华美与金贵无须言表。

纹饰，是中国古家具的主要装饰。纹必有意，意必吉祥，这是中国传统工艺美术的一大特色。纹饰之于家具，不但起到点缀空间、构图美观的作用，还具有强化主题、烘托喜庆的功能。龙凤麒麟、喜鹊仙鹤、八仙八宝、梅兰竹菊，都寓意着美好和幸福，也是刻在中国人骨子里的信念和情结。

造型，是中国古家具的外化表现和功能诉求。流传下来的古家具实物在博物馆里，在藏家手中，在拍卖行里，向世人静静地展现着属于它那个时代的丰姿。即使是从未接触过古家具的人，大概也分得出桌椅几案，柜架床榻，这得益于中国家具的流传有序和中国人制器为用的传统。关于造型的研究更是理论深厚，体系众多，不一而足。

唯有技艺，是成就中国古家具的关键所在，当前并没有被系统地挖掘和梳理，尚处于失传和误传的边缘，显得格外落寞。技艺是连接匠人和器物的桥梁，刀削斧凿，木活生花，是熟练的手法，是自信的底气，也是"手随心驰，心从手思，心手相应"的炉火纯青之境界。但囿于中国传统各行各业间"以师带徒，口传心授"传承方式的局限，家具匠人们的技艺并没有被完整的记录下来，没有翔实的资料，也无标准可依托，这使得中国古典家具技艺在当今社会环境中很难被传播和继承。

此时，由中国林业出版社策划、编辑和出版的《中国古典家具技艺全书》可以说是应运而生，责无旁贷。全套书共三十卷，分三批出版，运用了当前最先进的技术手段，最生动的展现方式，对宋、明、清和现代中式的家具进行了一次系统的、全面的、大体量的收集和整理，通过对家具结构的拆解，家具部件的展示，家具工艺的挖掘，家具制作的考证，为世人揭开了古典家具技艺之美的面纱。图文资料的汇编、尺寸数据的测量、CAD和效果图的绘制以及对相关古籍的研究，以五年的时间铸就此套著作，匠人匠心，在家具和出版两个领域，都光芒四射。全书无疑是一次对古代家具文化的抢救性出版，是对古典家具行业"以师带徒，口传心授"的有益补充和锐意创新，为古典家具技艺的传承、弘扬和发展注入强劲鲜活的动力。

　　党的十八大以来，国家越发重视技艺，重视匠人，并鼓励"推动中华优秀传统文化创造性转化、创新性发展"，大力弘扬"精益求精的工匠精神"。《中国古典家具技艺全书》正是习近平总书记所强调的"坚定文化自信、把握时代脉搏、聆听时代声音，坚持与时代同步伐、以人民为中心、以精品奉献人民、用明德引领风尚"的具体体现和生动诠释。希望《中国古典家具技艺全书》能在全体作者、编辑和其他工作人员的严格把关下，成为家具文化的精品，成为世代流传的经典，不负重托，不辱使命。

2020 年 5 月

前 言

纪 亮　全书总策划

中国的古典家具，有着悠久的历史。传说上古之时，神农氏发明了床，有虞氏时出现了俎。商周时代，出现了曲几、屏风、衣架。汉魏以前，家具一般都形体较矮，属于低型家具。自南北朝开始，出现了垂足坐，于是凳、靠背椅等高足家具随之出现。隋唐五代时期，垂足坐的休憩方式逐渐普及，高低型家具并存。宋代以后，高型家具及垂足坐才完全代替了席地坐的生活方式。高型家具经过宋、元两朝的普及发展，到明代中期，已取得了很高的艺术成就，中国古典家具艺术进入成熟阶段，形成了被誉为具有高度艺术成就的"明式家具"。清代家具，承明余续，在造型特征上，骨架粗壮结实，方直造型多于明式曲线造型，题材生动且富于变化，装饰性强，整体大方而局部装饰精细入微。近20年来，古典家具发展迅猛，家具风格在明清家具的基础上不断传承和发展，并形成了独具中国特色的现代中式家具，亦有学者称之为"中式风格家具"。

中国的古典家具，经过唐宋的积淀，明清的飞跃，现代的传承，已成为"东方艺术的一颗明珠"。中国古典家具是我国传统造物文化的重要组成和载体，也深深影响着世界近现代的家具设计。国内外研究并出版以古典家具的历史文化、图录资料等内容的著作较多，然而从古典家具技艺的角度出发，挖掘整理的著作少之又少。技艺——是古典家具的精髓，是保护发展我国古典家具的核心所在。为了更好地传承和弘扬我国古典家具文化，全面系统地介绍我国古典家具的制作技艺，提高国家文化软实力，提升民族自信，实现古典家具创造性转化、创新性发展，中国林业出版社聚集行业之力组建《中国古典家具技艺全书》编写工作组。全书以制作技艺为线索，详细介绍了古典家具的结构、造型、制作、解析、鉴赏等内容，全书共30卷，分为榫卯构造、匠心营造、大成若缺、解析经典、美在久成这5个系列陆续出版，并通过数字化手段搭建中国古典家具技艺网和家具技艺APP等。全书力求通过准确的测量、绘制，挖掘、梳理家具技艺，向读者展示中国古典家具的线条美、结构美、造型美、雕刻美、装饰美、材质美。

《解析经典》为本套丛书的第四个系列，共分十卷。本系列以宋明两代绘画中的家具图像和故宫博物院典藏的古典家具实物为研究对象，因无法进行实物测绘，只能借助现代化的技术手段进行场景还原、三维建模、结构模拟等方式进行绘制，并结合专家审读和工匠实践来勘误矫正，最终形成了200余套来自宋、明、清的经典器形的珍贵图录，并按照坐具、承具、卧具、庋具、杂具等类别进行分类，分器形点评、CAD图示、用材效果、结构爆炸、部件示意、细部详解六个层次详细地解析了每件家具。这些丰富而翔实的资料将为我们研究和制作古典家具提供重要的学习和参考资料。本系列丛书中所选器形均为明清家具之经典器物，其中器物的原型几乎均为国之重器，弥足珍贵，故以"解析经典"命名。因家具数量较多、结构复杂，书中难免存在疏漏与错误，望广大读者批评指正，我们也将在再版时陆续修正。

　　最后，感谢国家新闻出版署将本项目列为"十三五"国家重点图书出版规划，感谢国家出版基金规划管理办公室对本项目的支持，感谢为全书的编撰而付出努力的每位匠人、专家、学者和绘图人员。

纪亮

2020 年 12 月

目 录

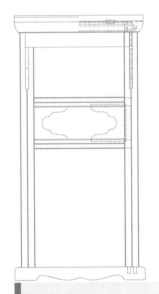

承具III
炕案、条案、架几案

剑腿炕案

材质：黄花梨

丰款：明

整体外观（效果图1）

1. 器形点评

　　此炕案案面长方平直，四腿缩进桌面安装。案面边沿之下有多层线脚，形成素混面。壶门牙子。四腿为直材，剑腿形式，上丰下敛。腿子中部锼出双叶纹，足端形成马蹄足。腿子起一炷香线。四腿与牙子边沿为皮条线，前后腿之间装横枨相连。此炕案整体线条精练，腿足边沿的皮条线干净利落，剑腿锐中隐锋，疏朗大方。

2. CAD 图示

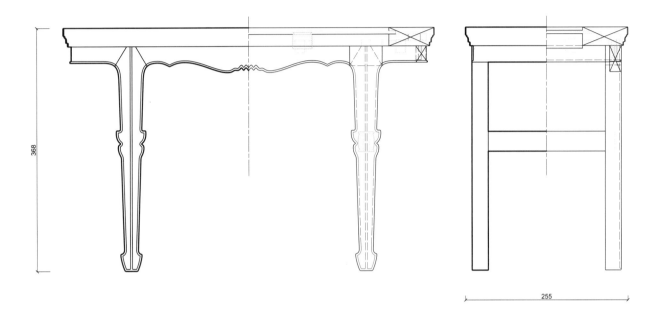

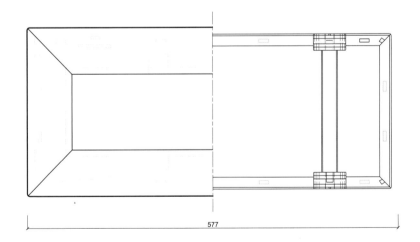

三视结构（CAD 图 1）

说明：在家具的测量和绘制过程中存在少量国家标准允许的误差；全书计量单位为毫米（mm）。

3. 用材效果

用材效果（材质：紫檀；效果图 2）

用材效果（材质：黄花梨；效果图 3）

用材效果（材质：红酸枝；效果图 4）

4. 结构爆炸

结构爆炸（效果图5）

5. 部件示意

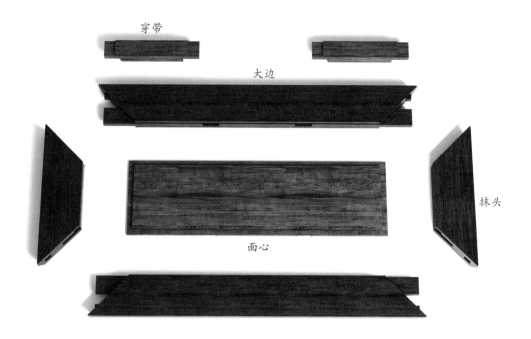

穿带

大边

抹头

面心

部件示意—案面（效果图 6）

部件示意—腿子（效果图 7）

6

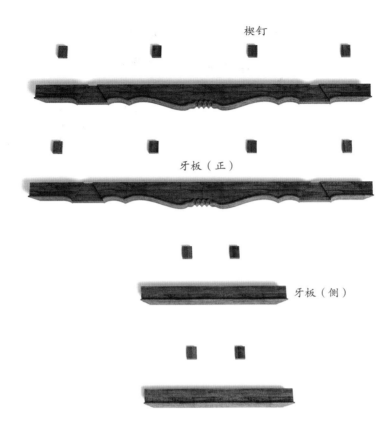

楔钉

牙板（正）

牙板（侧）

部件示意—牙板（效果图 8 ）

部件示意—横枨（效果图 9 ）

6. 细部详解

细部效果—案面（效果图 10）

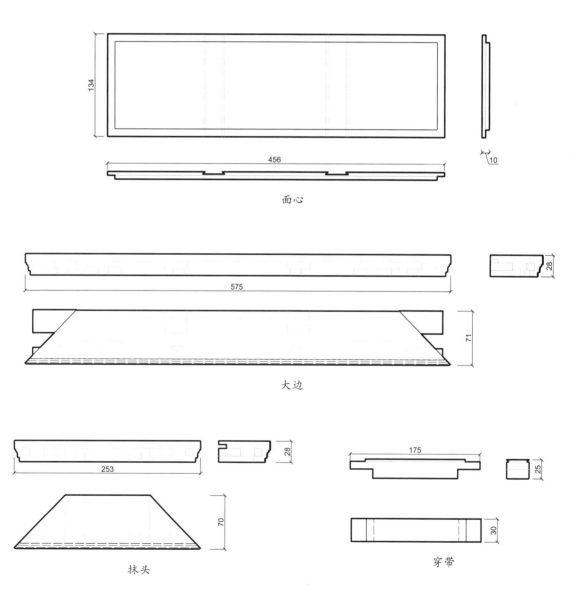

面心

大边

抹头

穿带

细部结构—案面（CAD 图 2 ~ 图 5）

8

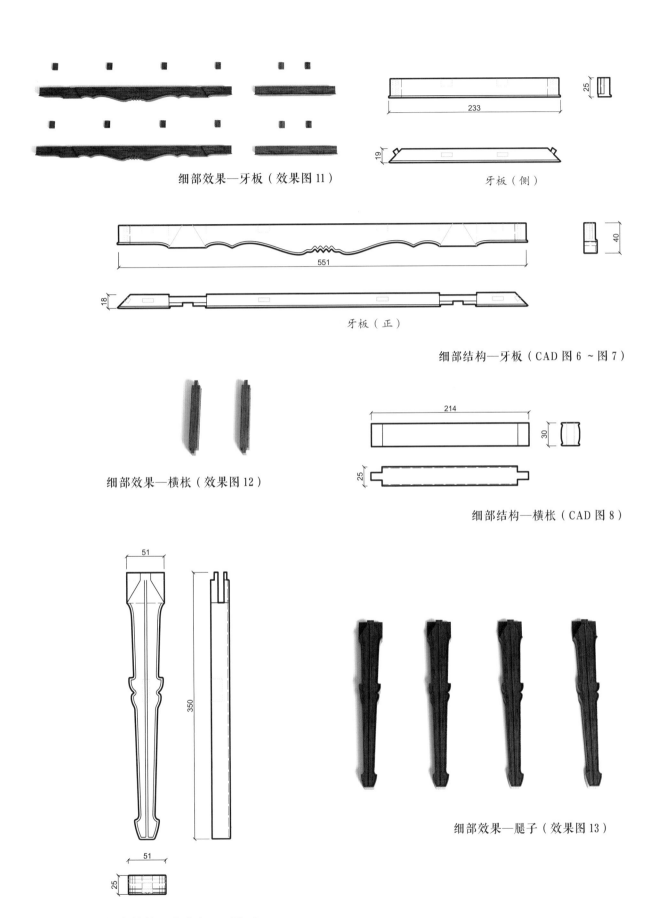

细部效果—牙板（效果图 11）

牙板（侧）

233

25

19

细部结构—牙板（CAD 图 6 ~ 图 7）

牙板（正）

551

40

18

细部效果—横枨（效果图 12）

214

30

25

细部结构—横枨（CAD 图 8）

51

350

51

25

细部结构—腿子（CAD 图 9）

细部效果—腿子（效果图 13）

如意云头纹炕案

材质：黄花梨

年款：明

整体外观（效果图1）

1. 器形点评

　　此炕案案面为长方形，攒框打槽中装板心。案面之下安有直牙板，牙头锼成如意云纹。四腿为圆材，直落到地。前后腿的上端与案面之间装有挡板，挡板内四围攒框，形成一个长方形透空开光。此小案通体空灵逸秀，端庄素雅。

2. CAD 图示

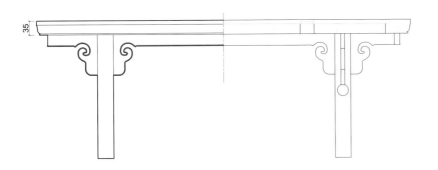
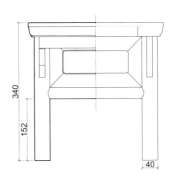

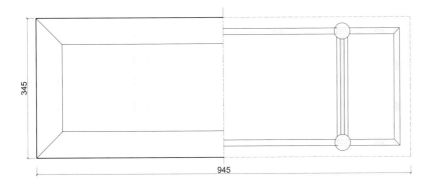

三视结构（CAD 图 1）

3. 用材效果

用材效果（材质：紫檀；效果图 2）

用材效果（材质：黄花梨；效果图 3）

用材效果（材质：红酸枝；效果图 4）

4. 结构爆炸

结构爆炸（效果图 5）

13

5. 部件示意

抹头

面心

大边

穿带

部件示意—案面（效果图 6 ）

牙板（正）

牙头

楔钉

牙板（侧）

部件示意—牙子（效果图 7 ）

14

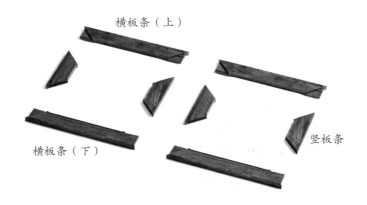

横板条（上）

横板条（下）

竖板条

部件示意—圈口结构（效果图 8）

部件示意—横枨（效果图 9）

部件示意—腿子（效果图 10）

6. 细部详解

细部效果—案面（效果图 11）

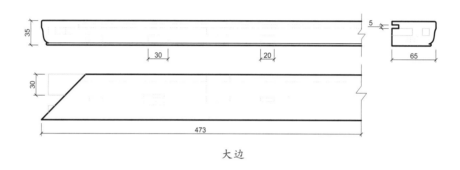

大边

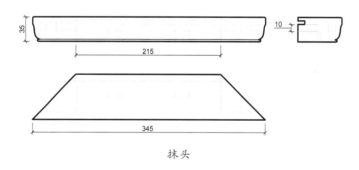

抹头

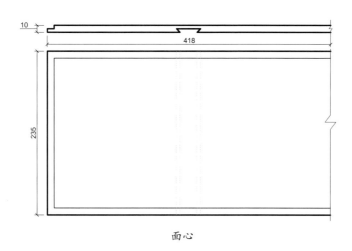

面心

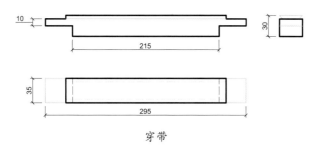

穿带

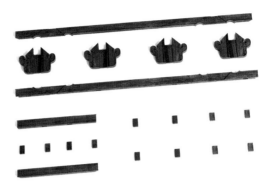

细部效果—牙子（效果图12）

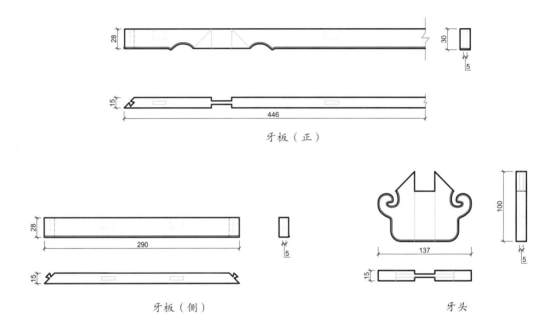

牙板（正）

牙板（侧）

牙头

细部结构—牙子（CAD 图 6 ~ 图 8）

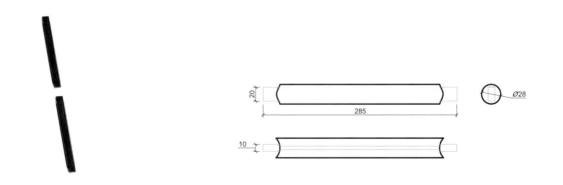

细部效果—横枨（效果图 13）

细部结构—横枨（CAD 图 9）

细部效果—圈口结构（效果图 14）

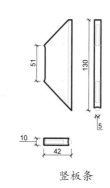

竖板条

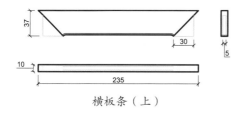

横板条（上）

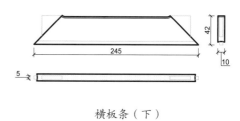

横板条（下）

细部结构—圈口结构（CAD 图 10 ～ 图 12）

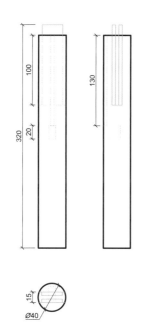

细部结构—腿子（CAD 图 13）

细部效果—腿子（效果图 15）

素牙板剑腿炕案

材质：黄花梨

年款：明

整体外观（效果图1）

1. 器形点评

  此炕案案面长方平直，攒框打槽中装板心，边抹为混面，起多层边线。案面之下为素牙板，四腿为方材，直落到地，足端雕成花叶纹。牙板与腿子交圈，边沿起皮条线。腿子中间起一炷香线，前后腿之间有横枨相连。

2. CAD 图示

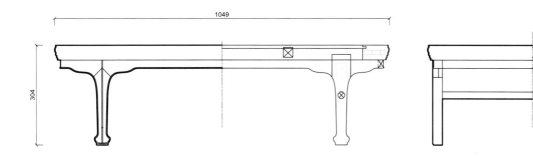

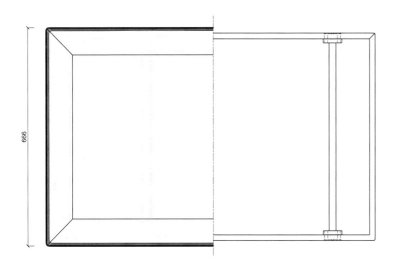

三视结构（CAD 图 1）

3. 用材效果

用材效果（材质：紫檀；效果图 2 ）

用材效果（材质：黄花梨；效果图 3 ）

用材效果（材质：红酸枝；效果图 4 ）

4. 结构爆炸

结构爆炸（效果图 5）

5. 部件示意

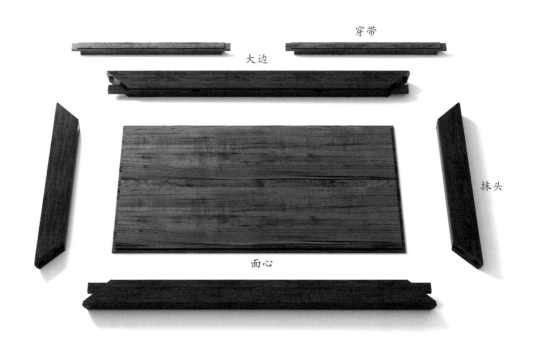

穿带

大边

抹头

面心

部件示意—案面（效果图 6）

部件示意—腿子（效果图 7）

24

部件示意—横枨（效果图 8）

牙板（正）

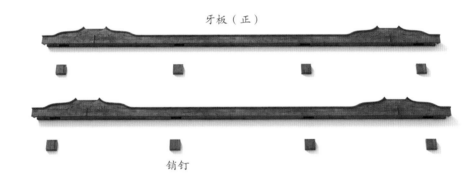

销钉

牙板（侧）

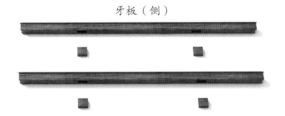

部件示意—牙板（效果图 9）

6. 细部详解

细部效果—案面（效果图 10）

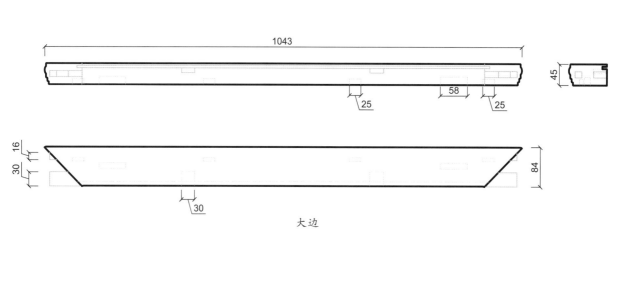

大边

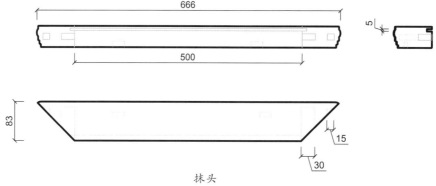

抹头

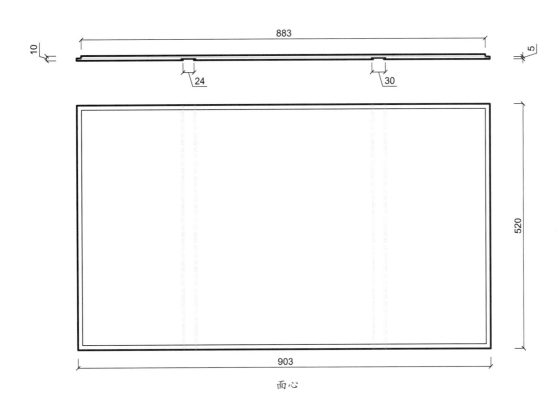

面心

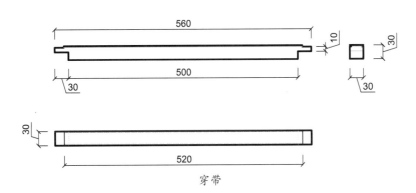

穿带

细部结构—案面（CAD 图 2 ~ 图 5）

细部效果—牙板（效果图 11）

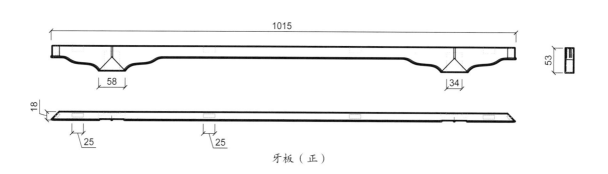

牙板（正）

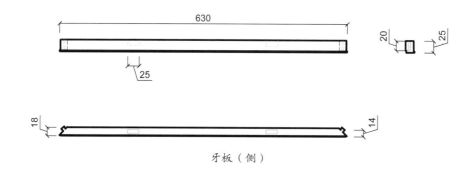

牙板（侧）

细部结构—牙板（CAD 图 6 ~ 图 7）

28

细部效果—横枨（效果图 12）

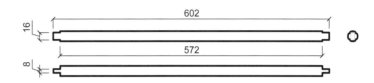

细部结构—横枨（CAD 图 8）

细部效果—腿子（效果图 13）

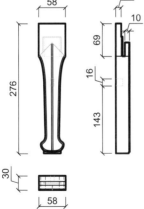

细部结构—腿子（CAD 图 9）

素角牙炕案

材质：黄花梨

年款：明

整体外观（效果图 1）

1. 器形点评

　　此炕案案面长方形，边角圆润。案面之下四腿为圆材，直落到地。四腿上端与案面相接处安有纤细的素角牙。此炕案整体线条流畅，工艺精湛，装饰无多，唯以灵秀的线脚取胜，是一件工精料细、美观素雅的明式风格家具。

2. CAD 图示

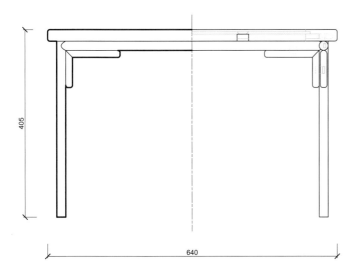

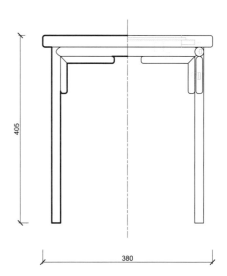

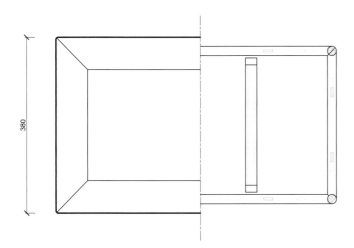

三视结构（CAD 图 1）

3. 用材效果

用材效果（材质：紫檀；效果图 2）

用材效果（材质：黄花梨；效果图 3）

用材效果（材质：红酸枝；效果图 4）

4. 结构爆炸

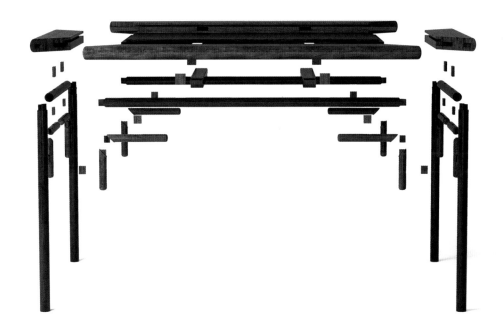

结构爆炸（效果图 5）

5. 部件示意

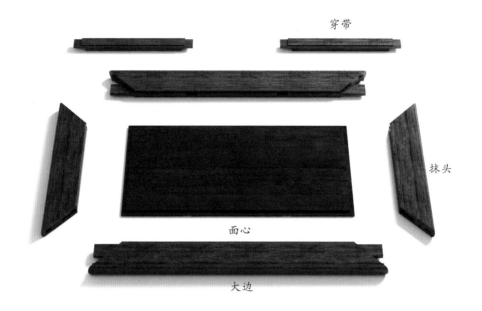

穿带

抹头

面心

大边

部件示意—案面（效果图6）

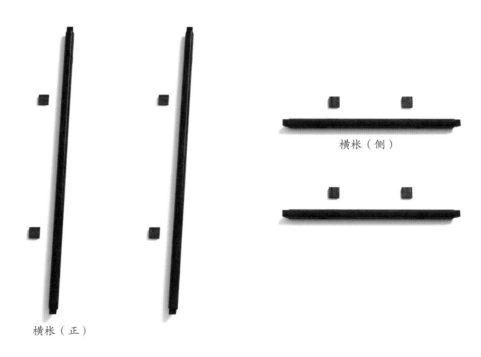

横枨（侧）

横枨（正）

部件示意—横枨（效果图7）

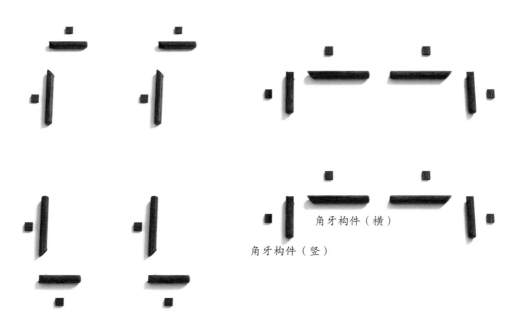

角牙构件（横）

角牙构件（竖）

部件示意—角牙（效果图8）

部件示意—腿子（效果图9）

6. 细部详解

细部效果—案面（效果图 10）

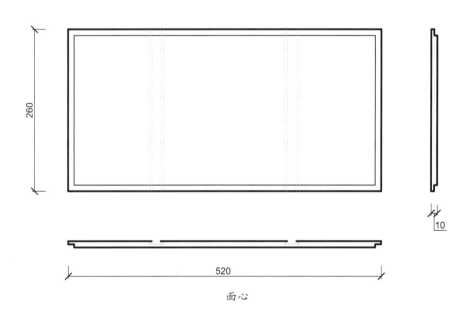

260

520

面心

36

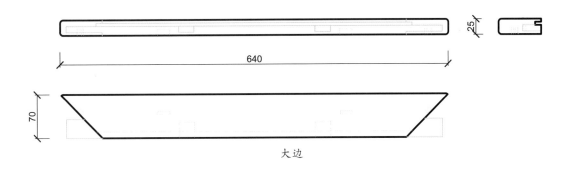

大边

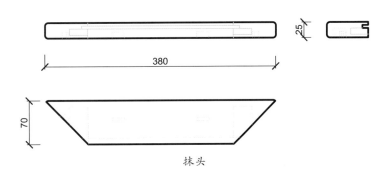

抹头

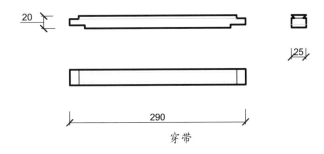

穿带

细部结构—案面（CAD 图 2 ~图 5）

37

细部效果—横枨（效果图 11）

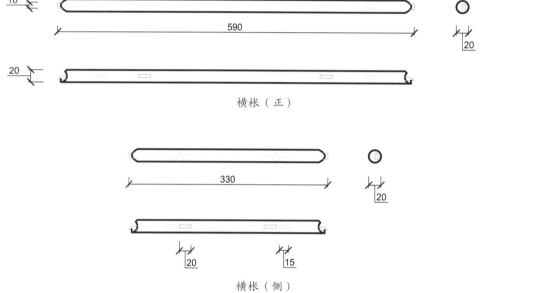

横枨（正）

横枨（侧）

细部结构—横枨（CAD 图 6 ~ 图 7）

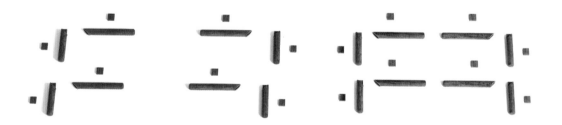

细部效果—角牙（效果图 12）

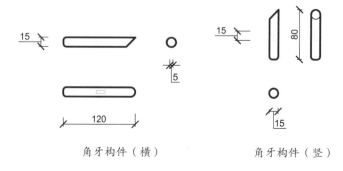

角牙构件（横）　　　　角牙构件（竖）

细部结构—角牙（CAD 图 8 ~ 图 9）

细部效果—腿子（效果图 13）

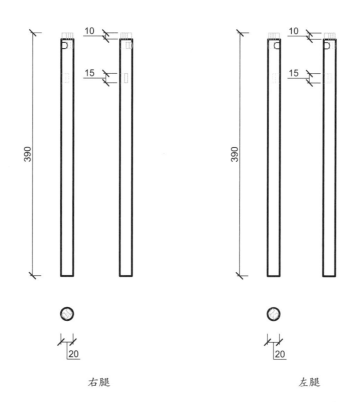

右腿　　　　　　　　　　左腿

罗锅枨圆腿条案

材质：红酸枝

年款：明

整体外观（效果图1）

1. 器形点评

此案案面为长方形，边沿为冰盘沿线脚。四腿为圆材，足端略外展，形成侧脚。四腿上端紧贴桌面处安有罗锅枨，并在空当处镶实板，前后腿的上端又以横枨相连。此案造型简单质朴，没有过多繁复雕饰，线条圆润，美观实用。

2. CAD 图示

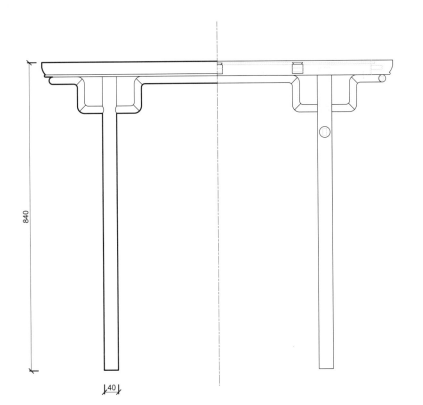
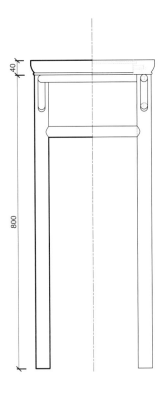
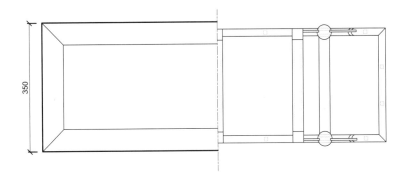

三视结构（CAD 图 1）

3. 用材效果

用材效果（材质：紫檀；效果图 2）

用材效果（材质：黄花梨；效果图 3）

用材效果（材质：红酸枝；效果图 4）

4. 结构爆炸

结构爆炸（效果图 5）

5. 部件示意

抹头

面心

大边

穿带

部件示意—案面（效果图 6）

部件示意—横枨（效果图 7）

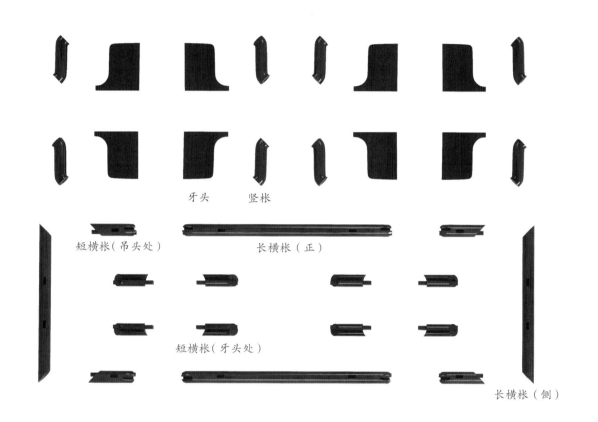

牙头　　竖枨

短横枨（吊头处）　　　　长横枨（正）

短横枨（牙头处）

长横枨（侧）

部件示意—牙条结构（效果图 8）

部件示意—腿子（效果图 9）

6. 细部详解

细部效果—案面（效果图 10）

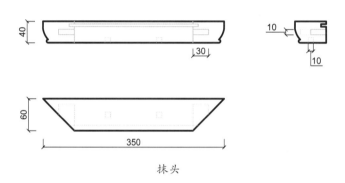

抹头

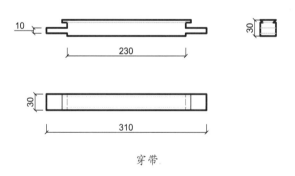

穿带

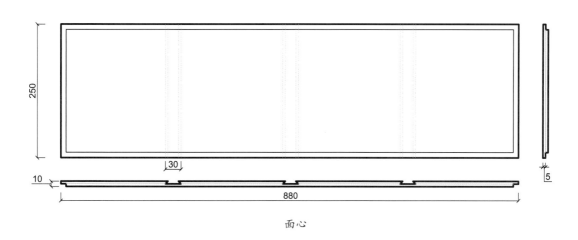

面心

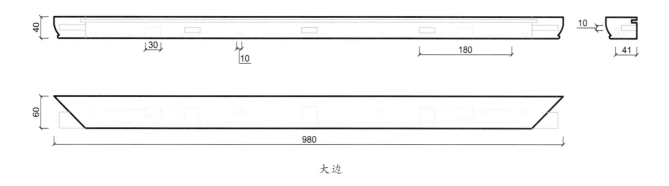

大边

细部结构—案面（CAD 图 2 ~ 图 5）

47

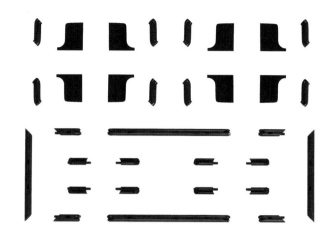

细部效果—牙条结构（效果图 11）

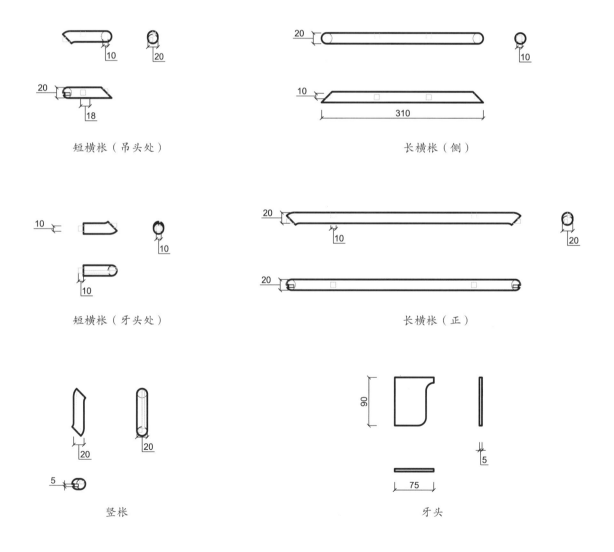

短横枨（吊头处）

长横枨（侧）

短横枨（牙头处）

长横枨（正）

竖枨

牙头

细部结构—牙条结构（CAD 图 6 ~ 图 11）

48

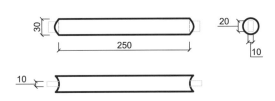

细部结构—横枨（CAD 图 12）　　　　　细部效果—横枨（效果图 12）

细部效果—腿子（效果图 13）

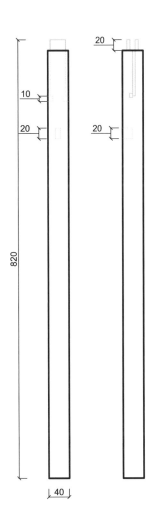

细部结构—腿子（CAD 图 13）

卷书式翘头条案

材质：红酸枝

年款：明

整体外观（效果图1）

1. 器形点评

此案案面两端起翘，翘头顶端又向内翻卷，犹如飞鸟展翅，牙板厚硕。四腿为方材，直落到地，至足端略外展，形成侧脚。前后腿之间底端装横枨，枨上装绦环板，形成挡板。此案造型简洁，线条优美流畅，是一件典型的明式家具。

2. CAD 图示

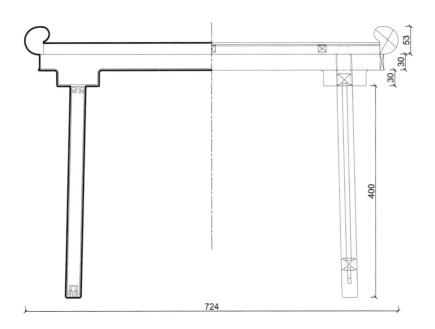

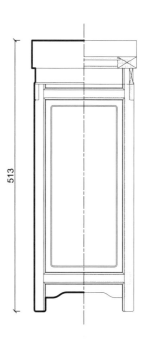

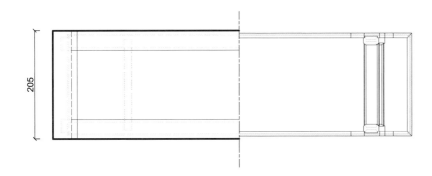

三视结构（CAD 图 1）

3. 用材效果

用材效果（材质：紫檀；效果图 2）

用材效果（材质：黄花梨；效果图 3）

用材效果（材质：红酸枝；效果图 4）

4. 结构爆炸

结构爆炸（效果图 5）

5. 部件示意

翘头（抹头）

面心

大边

穿带

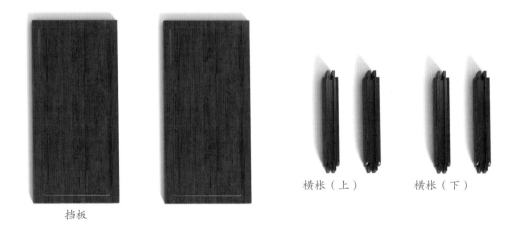

横枨（上）

横枨（下）

挡板

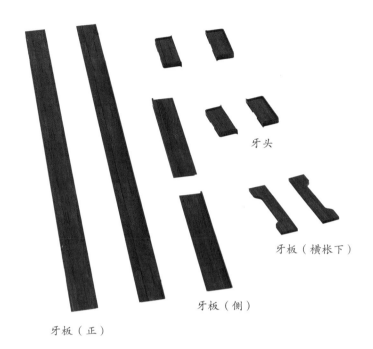

牙头

牙板（横枨下）

牙板（侧）

牙板（正）

部件示意—牙子（效果图 8）

部件示意—腿子（效果图 9）

6. 细部详解

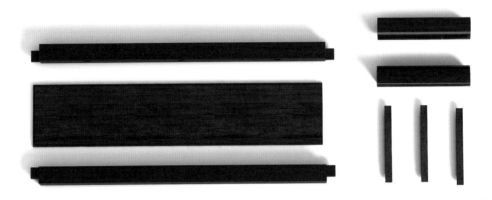

细部效果—案面（效果图 10）

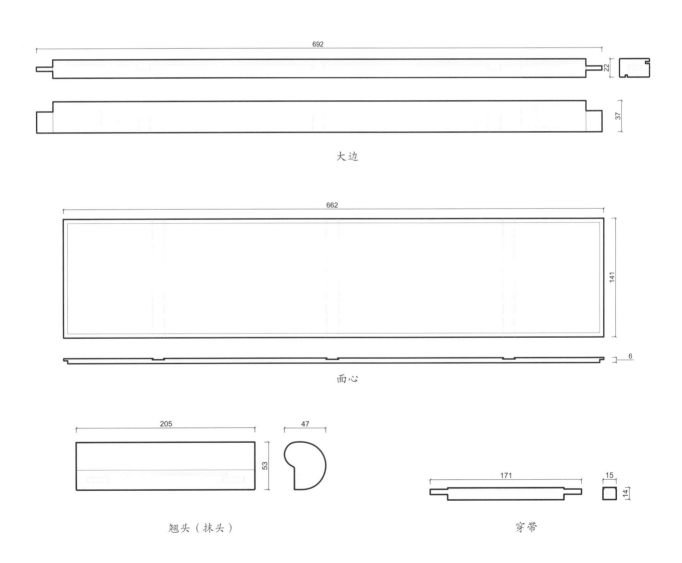

大边

面心

翘头（抹头）   穿带

细部效果—挡板和横枨（效果图 11）

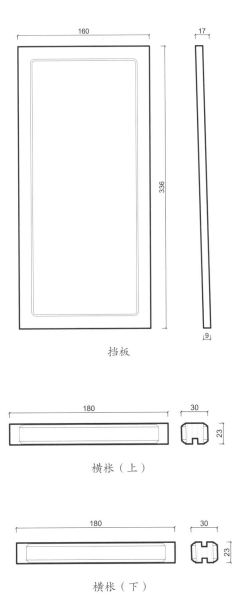

挡板

横枨（上）

横枨（下）

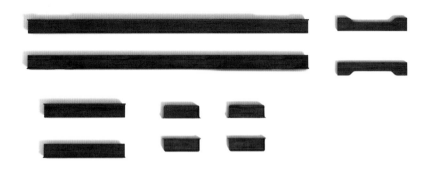

细部效果—牙子（效果图12）

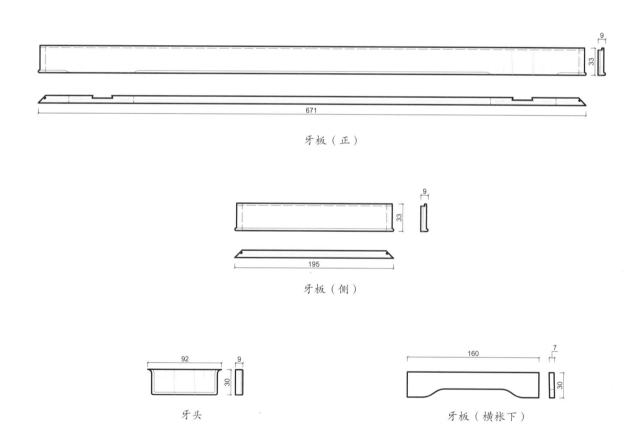

牙板（正）

牙板（侧）

牙头   牙板（横枨下）

细部结构—牙子（CAD 图 9 ～ 图 12）

细部效果—腿子（效果图 13）

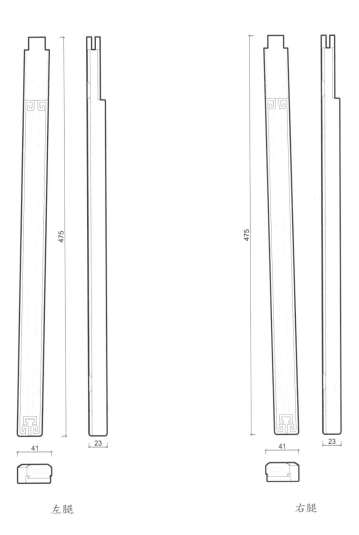

左腿   右腿

细部结构—腿子（CAD 图 13 ~ 图 14）

回纹平头案

材质：紫檀

年款：清

整体外观（效果图1）

1. 器形点评

　　此案案面长方形，攒框装板，案面之下牙子浮雕回纹拐子。四腿为方材，案腿正中浮雕一匝连续回纹锦地。四腿直下，前后腿下端安有足托，足托之上安有长方圈口。此案器形规整，比例匀称，雕工甚精，具有典型的清式家具风格。

2. CAD 图示

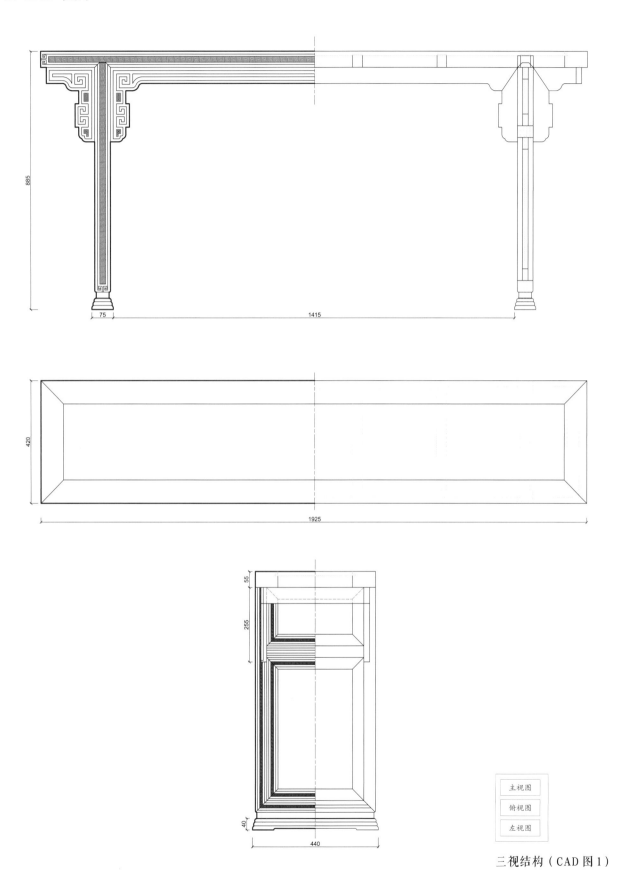

三视结构（CAD 图 1）

主视图

俯视图

左视图

3. 用材效果

用材效果（材质：紫檀；效果图 2）

用材效果（材质：黄花梨；效果图 3）

用材效果（材质：红酸枝；效果图 4）

4. 结构爆炸

结构爆炸（效果图 5）

5. 部件示意

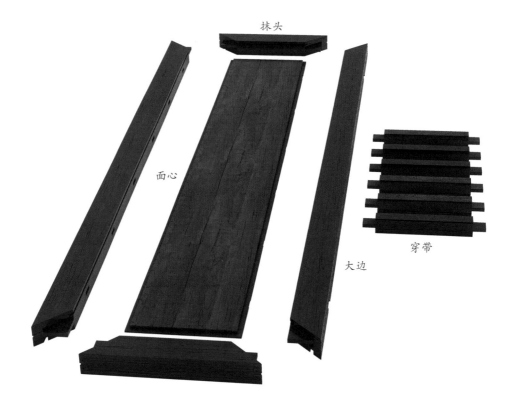

抹头

面心

大边

穿带

部件示意—案面（效果图 6）

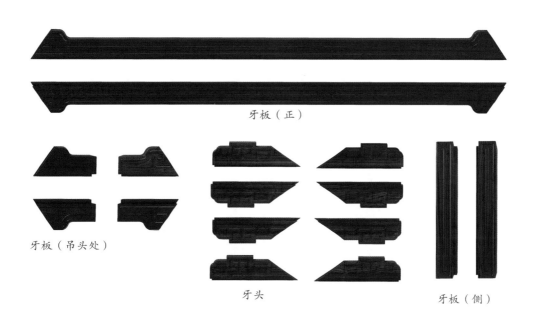

牙板（正）

牙板（吊头处）

牙头

牙板（侧）

部件示意—牙子（效果图 7）

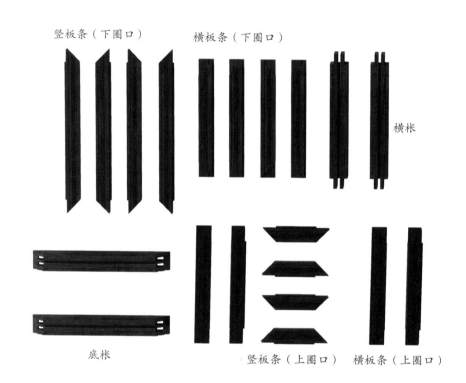

竖板条（下圈口）　　横板条（下圈口）

横枨

底枨　　　　　　　竖板条（上圈口）　　横板条（上圈口）

部件示意—圈口结构（效果图 8）

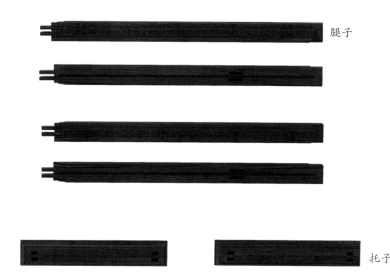

腿子

托子

部件示意—腿子和托子（效果图 9）

6. 细部详解

细部效果—案面（效果图10）

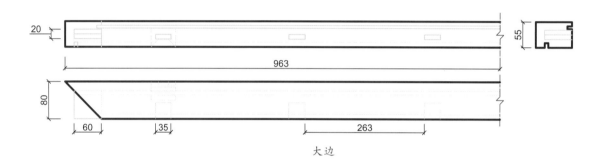

大边

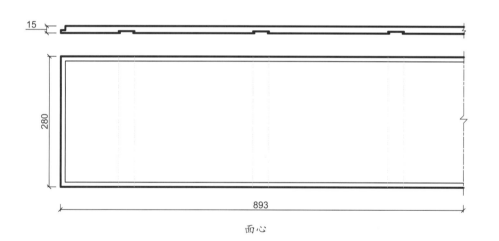

面心

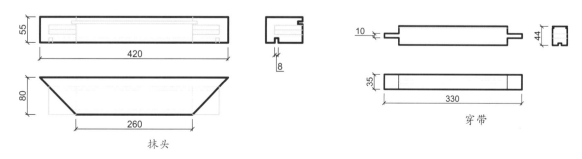

抹头

穿带

细部结构—案面（CAD图 2 ~ 图 5）

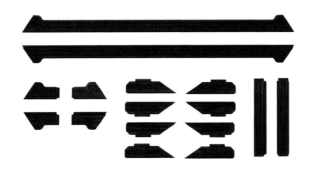

细部效果—牙子（效果图11）

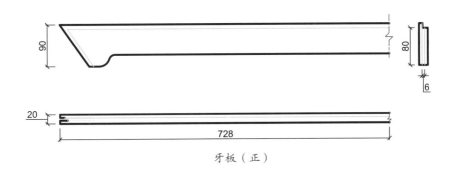

牙板（正）

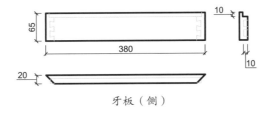

牙板（侧）

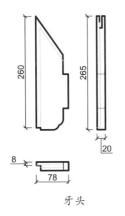

牙头

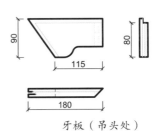

牙板（吊头处）

细部结构—牙子（CAD图6～图9）

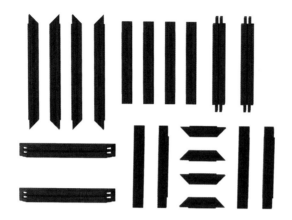

细部效果—圈口结构（效果图12）

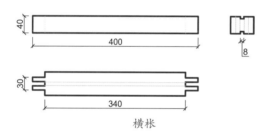

横枨

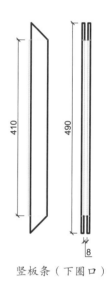

竖板条（下圈口）

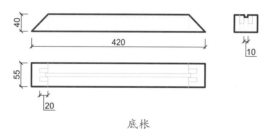

底枨

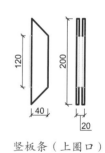

竖板条（上圈口）

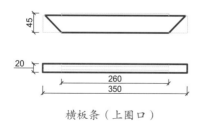

横板条（上圈口）

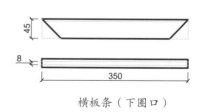

横板条（下圈口）

细部结构—圈口结构（CAD图10～图15）

细部效果—腿子和托子（效果图 13）

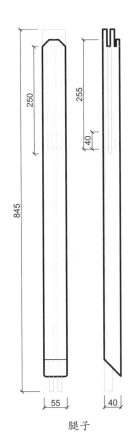

腿子

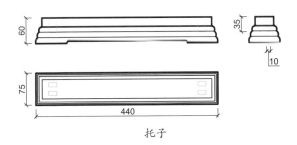

托子

细部结构—腿子和托子（CAD 图 16 ~ 图 17）

攒牙板翘头案

材质：黄花梨

丰款：明

整体外观（效果图1）

1. 器形点评

此案案面狭长，案面两端有翘头，案面之下四腿为方材，案面与四腿之间攒透空的牙子结构。四腿直落到地，前后腿在足端位置装有接地的管脚枨，形似足托，管脚枨上镶长方圈口。此案案面虽然狭长但比例匀称，整器造型简洁中又略有变化，设计精巧别致，是一件工精料细的明式风格的案形结体家具。

2. CAD 图示

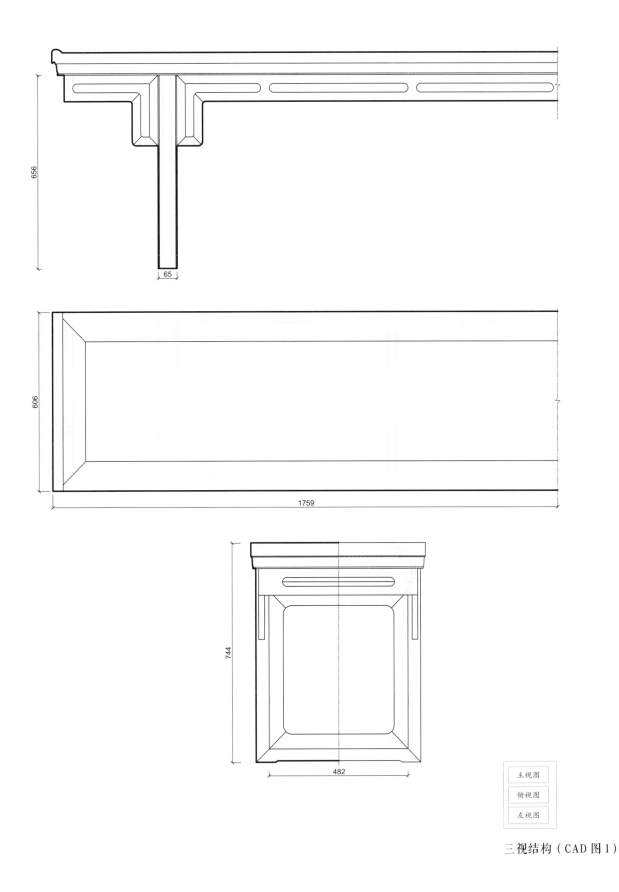

656

65

606

1759

744

482

主视图

俯视图

左视图

三视结构（CAD 图 1）

3. 用材效果

用材效果（材质：紫檀；效果图 2）

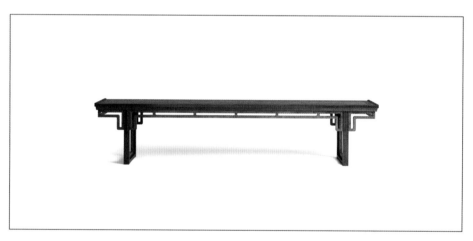

用材效果（材质：黄花梨；效果图 3）

用材效果（材质：红酸枝；效果图 4）

4. 结构爆炸

结构爆炸（效果图 5）

5. 部件示意

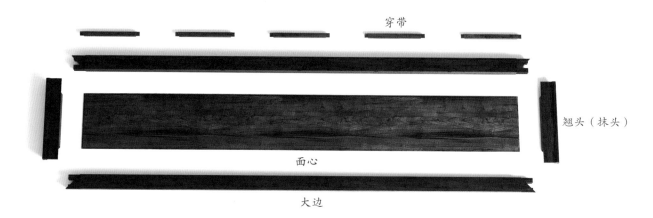

穿带

翘头（抹头）

面心

大边

部件示意—案面（效果图 6）

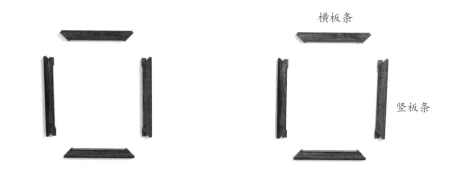

横板条

竖板条

部件示意—圈口结构（效果图 7）

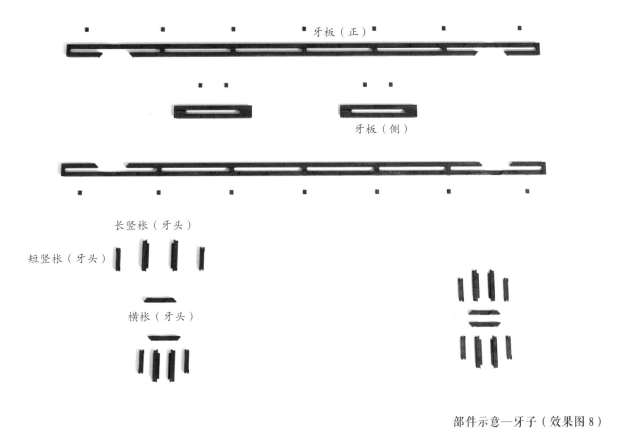

牙板（正）

牙板（侧）

长竖枨（牙头）

短竖枨（牙头）

横枨（牙头）

部件示意—牙子（效果图 8）

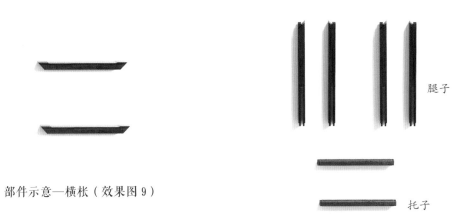

腿子

托子

部件示意—横枨（效果图 9）

部件示意—腿子和托子（效果图 10）

6. 细部详解

细部效果—案面（效果图 11）

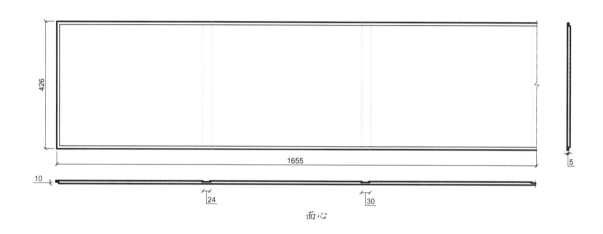

面心

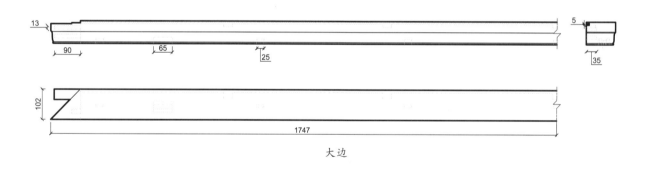

大边

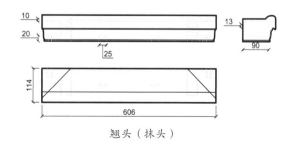

翘头（抹头）

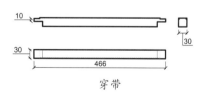

穿带

细部结构—案面（CAD 图 2 ~ 图 5）

78

细部效果—圈口结构（效果图 12）

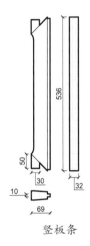

竖板条

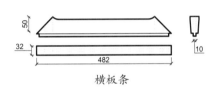

横板条

细部结构—圈口结构（CAD 图 6～图 7）

细部效果—横枨（效果图 13）

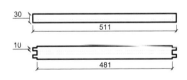

细部结构—横枨（CAD 图 8）

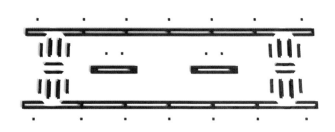

细部效果—牙子（效果图 14）

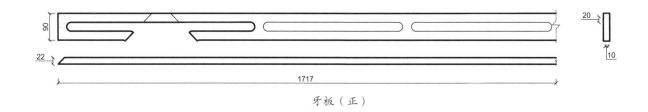

牙板（正）

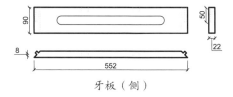

牙板（侧）

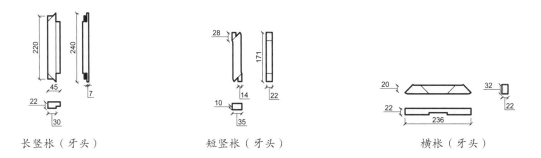

长竖枨（牙头）　　　短竖枨（牙头）　　　横枨（牙头）

细部结构—牙子（CAD 图 9～图 13）

80

细部效果—腿子和托子（效果图 15）

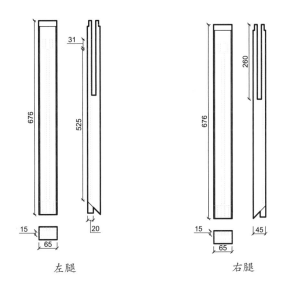

左腿　　　　　　　右腿

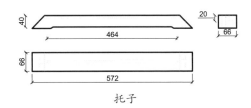

托子

洼堂肚牙板翘头案

材质：红酸枝

年款：明

整体外观（效果图1）

1. 器形点评

此案案面两端起翘，如飞鸟展翼。案面之下为洼堂肚牙板，牙头锼成云头纹。四腿为方材，直落到地，至足端略外展，形成侧脚。前后腿在足端处装管脚枨，管脚枨之上与案面及四腿之间攒框，形成长方圈口。此案比例匀称，线条优美流畅，美观大方。

2. CAD 图示

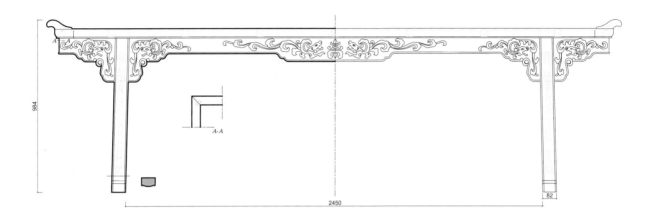

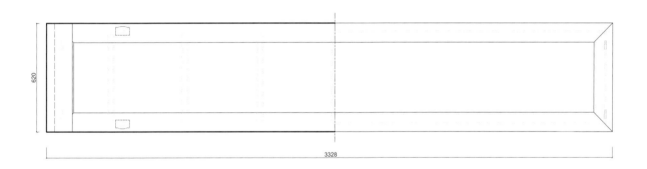

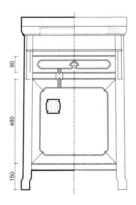

三视结构（CAD 图 1）

3. 用材效果

用材效果（材质：紫檀；效果图 2）

用材效果（材质：黄花梨；效果图 3）

用材效果（材质：红酸枝；效果图 4）

4. 结构爆炸

结构爆炸（效果图 5）

5. 部件示意

抹头

翘头

穿带

大边

面心

部件示意—案面（效果图 6）

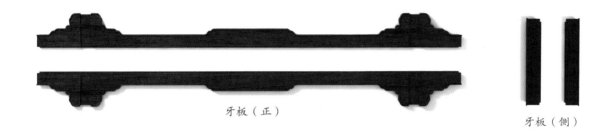

牙板（正）

牙板（侧）

部件示意—牙板（效果图 7）

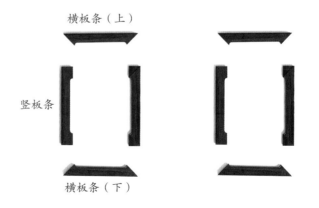

部件示意—绦环板（效果图 8）

横板条（上）

竖板条

横板条（下）

部件示意—圈口结构（效果图 9）

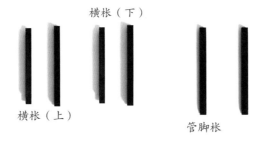

横枨（下）

横枨（上）

管脚枨

部件示意—枨子（效果图 10）

部件示意—腿子（效果图 11）

6. 细部详解

细部效果—牙板（效果图 12）

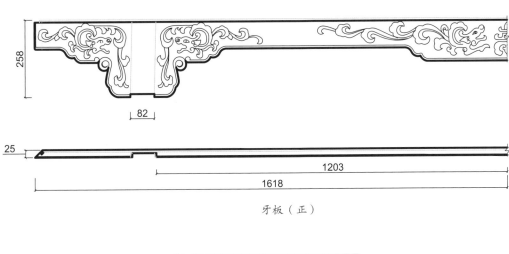

牙板（正）

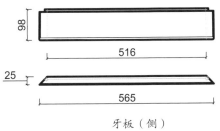

牙板（侧）

细部结构—牙板（CAD 图 2 ～图 3）

细部效果—绦环板（效果图 13）

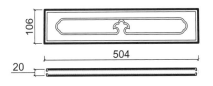

细部结构—绦环板（CAD 图 4）

细部效果—案面（效果图 14）

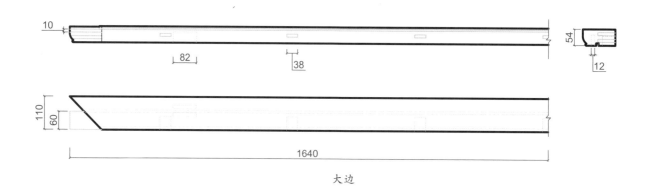

大边

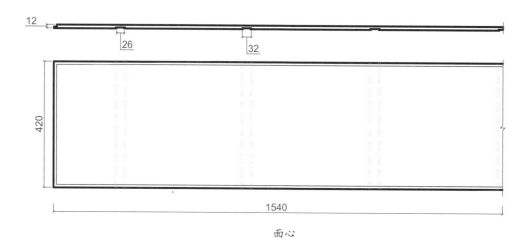

面心

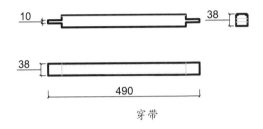

穿带

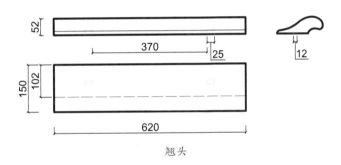

翘头

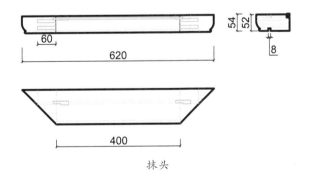

抹头

细部结构—案面（CAD 图 5 ~ 图 9）

细部效果—腿子（效果图 15）

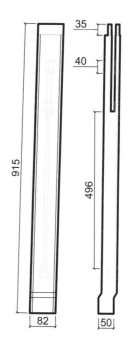

细部结构—腿子（CAD 图 10）

细部效果—圈口结构（效果图 16）

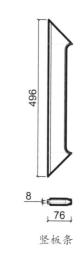

竖板条

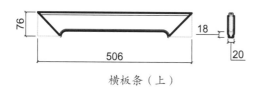

横板条（上）

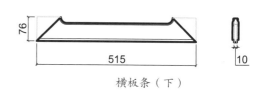

横板条（下）

细部结构—圈口结构（CAD 图 11～图 13）

细部效果—枨子（效果图 17 ）

横枨（上 ）

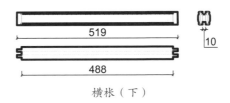

横枨（下 ）

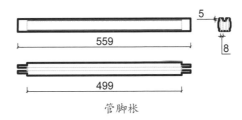

管脚枨

细部结构—枨子（CAD 图 14 ～ 图 16 ）

带托子翘头案

材质：红酸枝

年款：明

整体外观（效果图 1）

1. 器形点评

此案案面狭长，至两端装有向外延展的翘头。案面之下为素牙板，牙头镂成云头状。四腿为方材，略外展，前后两腿在足端装托子，托子之上与四腿间装板，形成挡板。此案比例匀称，线条优美，雅致大方。

94

2. CAD 图示

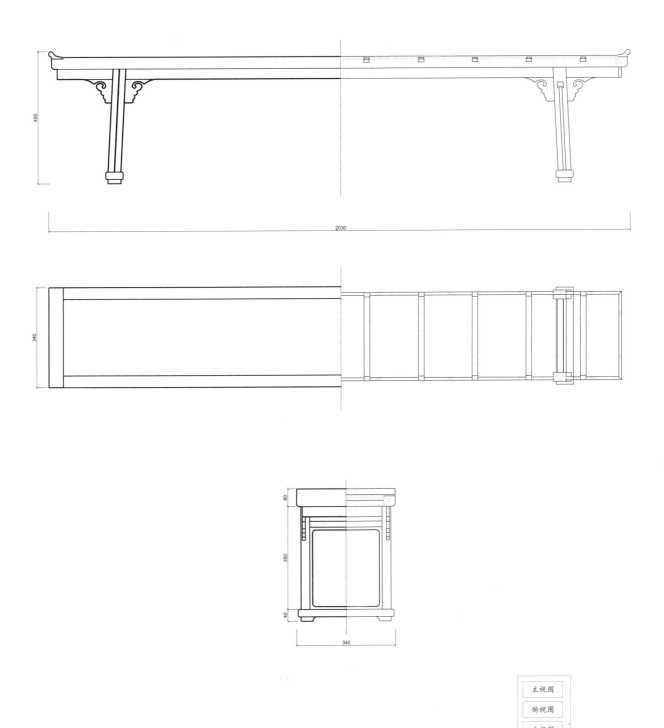

三视结构（CAD 图 1）

主视图
俯视图
左视图

3. 用材效果

用材效果（材质：紫檀；效果图 2）

用材效果（材质：黄花梨；效果图 3）

用材效果（材质：红酸枝；效果图 4）

4. 结构爆炸

结构爆炸（效果图 5）

5. 部件示意

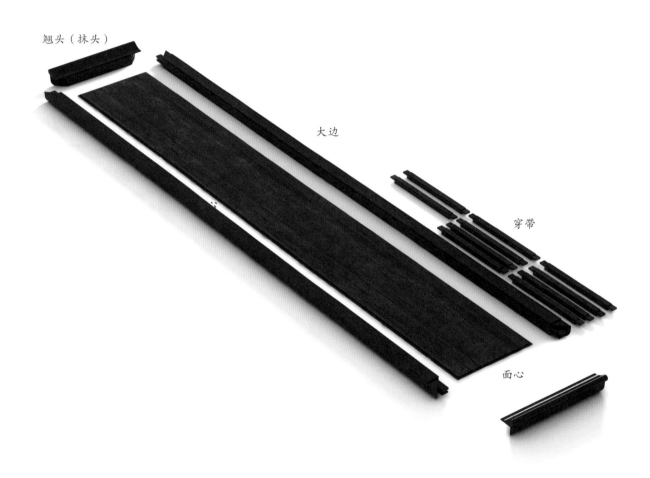

翘头（抹头）

大边

穿带

面心

部件示意—案面（效果图 6）

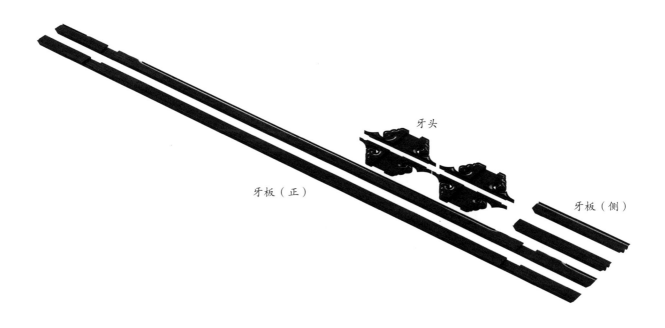

牙头

牙板（正）

牙板（侧）

部件示意—牙子（效果图 7）

部件示意—挡板（效果图 8 ）

部件示意—横枨（效果图 9 ）

部件示意—腿子（效果图 10 ）

部件示意—托子（效果图 11 ）

6. 细部详解

细部效果—挡板（效果图 12）

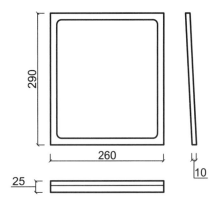

细部结构—挡板（CAD 图 2）

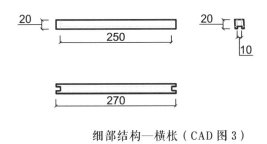

细部结构—横枨（CAD 图 3）

细部效果—横枨（效果图 13）

细部效果—托子（效果图 14）

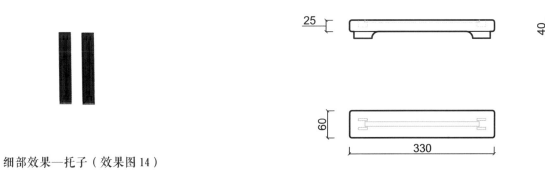

细部结构—托子（CAD 图 4）

细部效果—案面（效果图15）

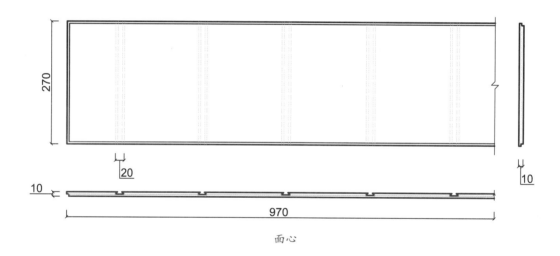

面心

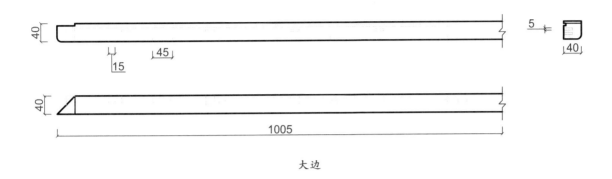

大边

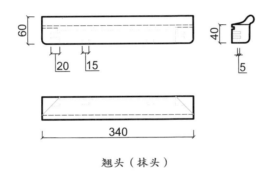

翘头（抹头）

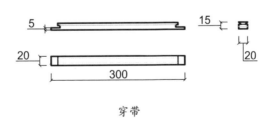

穿带

细部效果—牙子（效果图16）

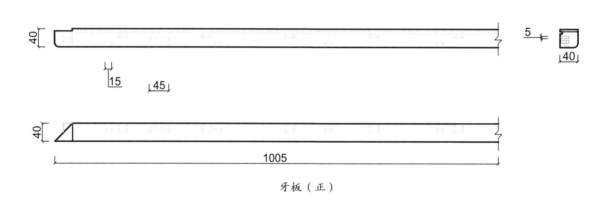

牙板（正）

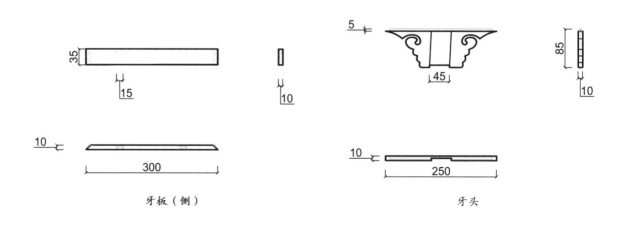

牙板（侧）　　　　　　　　牙头

细部效果—腿子（效果图 17）

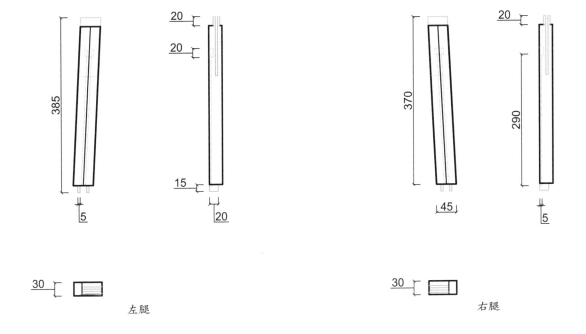

左腿

右腿

细部结构—腿子（CAD 图 12 ~ 图 13）

卷叶纹剑腿平头案

材质：黄花梨

年款：明

整体外观（效果图1）

1. 器形点评

　　此平头案案面长方平直，边抹冰盘沿线脚，壸门牙板。四腿为剑腿，外展，腿中部雕出卷叶纹饰，足端下踩圆珠。腿子中部起两炷香线，前后腿间装双横枨。

2. CAD 图示

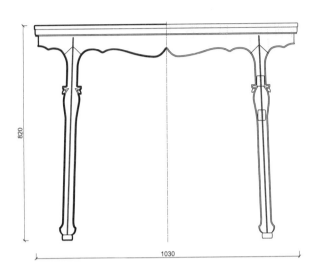

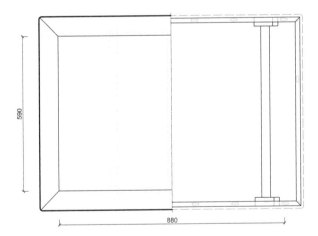

三视结构（CAD 图 1）

3. 用材效果

用材效果（材质：紫檀；效果图 2）

用材效果（材质：黄花梨；效果图 3）

用材效果（材质：红酸枝；效果图 4）

4. 结构爆炸

结构爆炸（效果图 5）

5. 部件示意

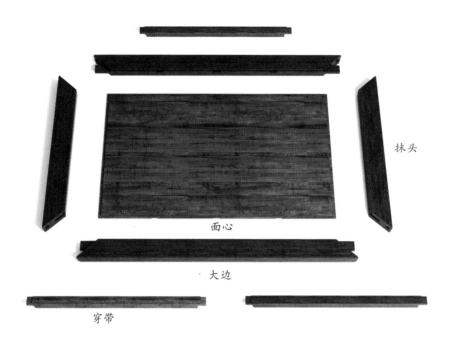

抹头

面心

大边

穿带

壶门牙板（正）

销钉

直牙板（侧）

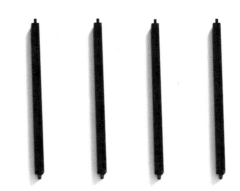

部件示意—横枨（效果图 8）

腿子

圆珠

部件示意—腿子（效果图 9）

6. 细部详解

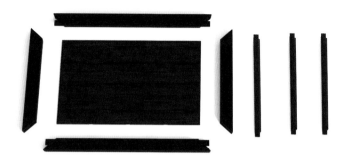

细部效果—案面（效果图 10）

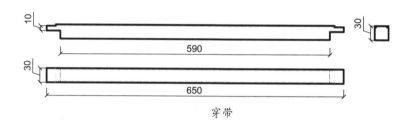

穿带

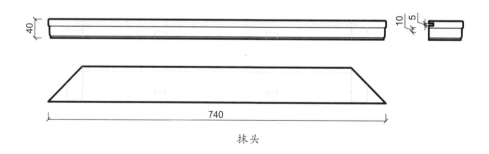

抹头

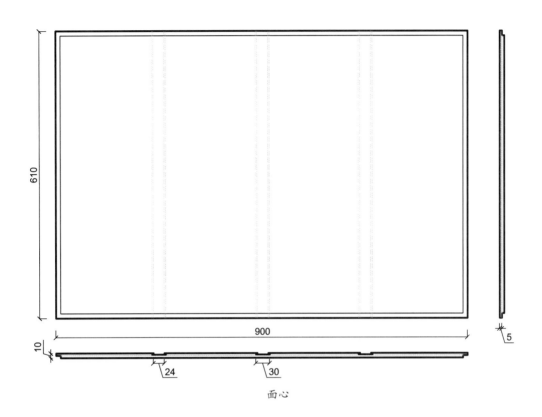

面心

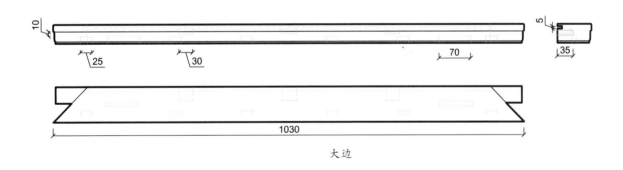

大边

细部结构—案面（CAD 图 2～图 5）

113

细部效果—牙板（效果图 11）

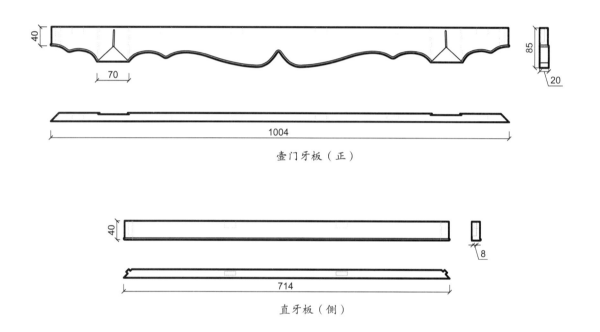

壶门牙板（正）

直牙板（侧）

细部结构—牙板（CAD 图 6 ~ 图 7）

细部效果—横枨（效果图 12）

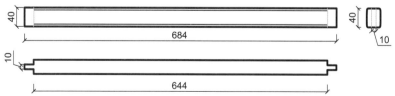

细部结构—横枨（CAD 图 8）

114

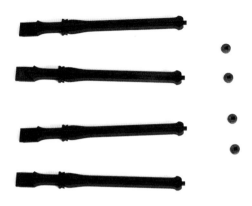

细部效果—腿子（效果图 13）

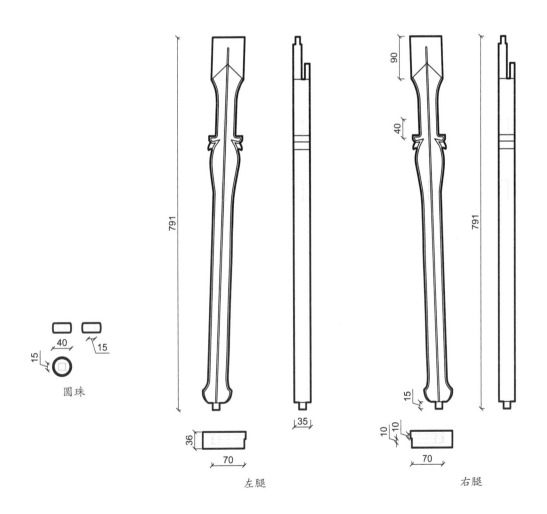

圆珠

左腿

右腿

细部结构—腿子（CAD 图 9 ~ 图 11）

卷云纹平头案

材质：黄花梨

年款：明

整体外观（效果图1）

1. 器形点评

此案案面为长方形。案面下安牙板，牙头锼成卷云纹，牙板与牙头之间夹圆珠。四腿为圆材，略微外展，直落到地。此案线条简洁流畅，不事雕琢，有一种素面朝天的自然美感。

2. CAD 图示

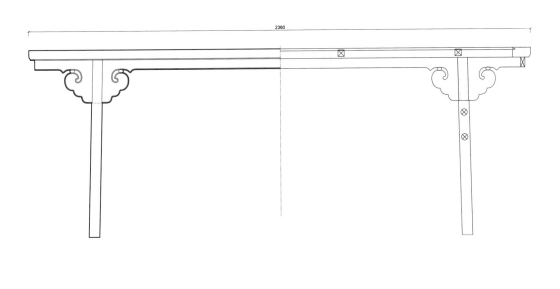

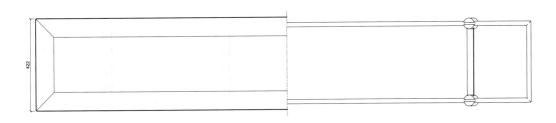

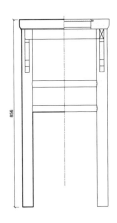

三视结构（CAD 图 1）

3. 用材效果

用材效果（材质：紫檀；效果图2）

用材效果（材质：黄花梨；效果图3）

用材效果（材质：红酸枝；效果图4）

4. 结构爆炸

结构爆炸（效果图 5）

5. 部件示意

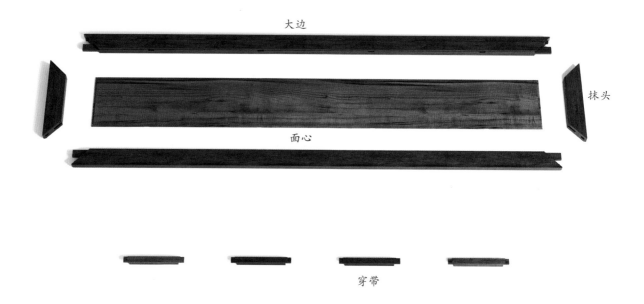

大边

抹头

面心

穿带

部件示意—案面（效果图 6）

部件示意—横枨（效果图 7）

120

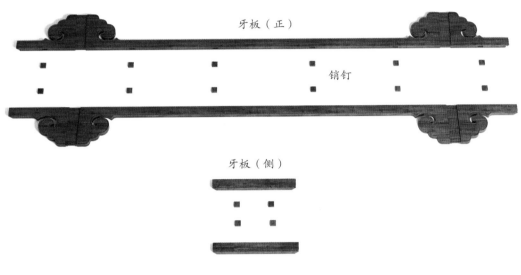

牙板（正）

销钉

牙板（侧）

部件示意—牙板（效果图 8）

部件示意—腿子（效果图 9）

6. 细部详解

细部效果—案面（效果图10）

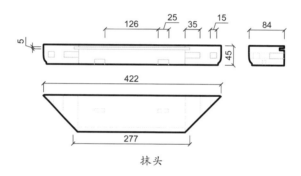

抹头

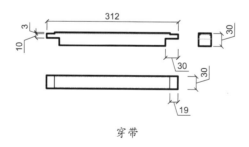

穿带

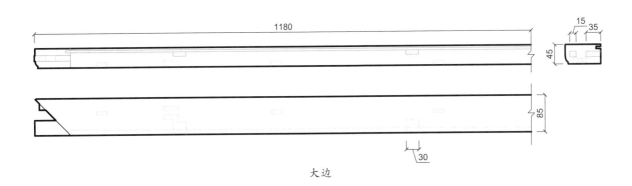

大边

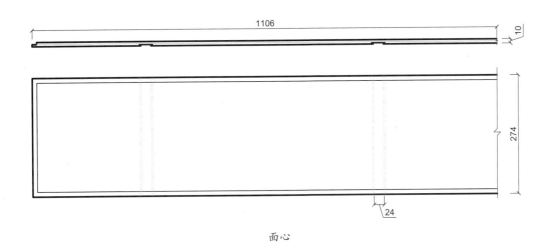

面心

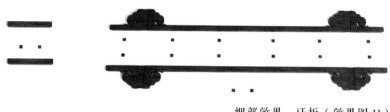

细部效果—牙板（效果图 11）

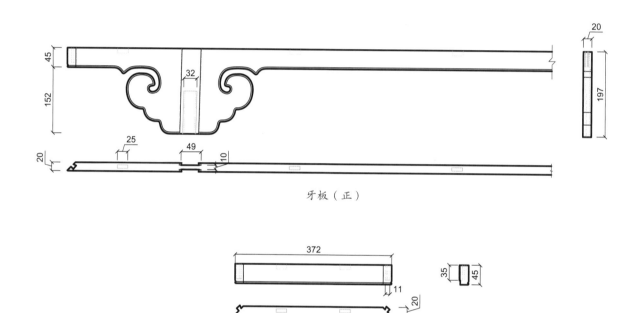

牙板（正）

牙板（侧）

细部结构—牙板（CAD 图 6～图 7）

细部效果—横枨（效果图 12）

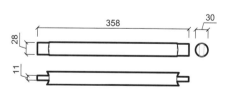

细部结构—横枨（CAD 图 8）

细部效果—腿子（效果图 13）

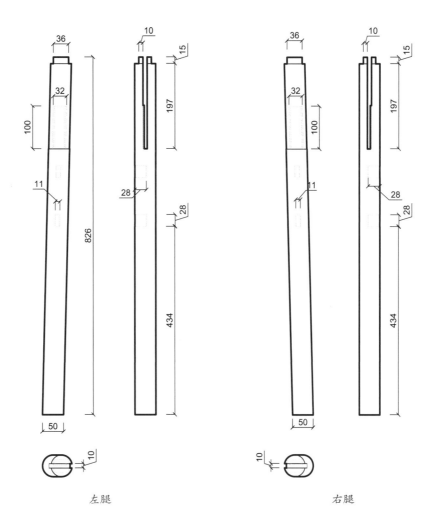

左腿　　　　　　　　　　　　　　右腿

细部结构—腿子（CAD 图 9 ~ 图 10）

卷云纹壶门牙板翘头案

材质：黄花梨

年款：明

整体外观（效果图1）

1. 器形点评

    此案案面两端翘起，案面之下装壶门牙板，牙头镂成卷云纹。四腿为方材，足端雕展开的叶状花纹，足底踩柱础。前后两腿以双横枨相连。此案造型简练素雅，装饰无多，略施粉黛，有"天然去雕饰，清水出芙蓉"的自然美感。

2. CAD 图示

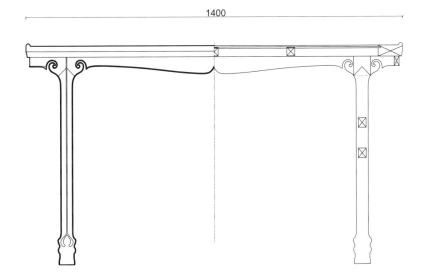

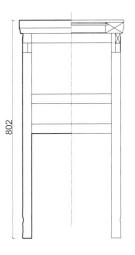

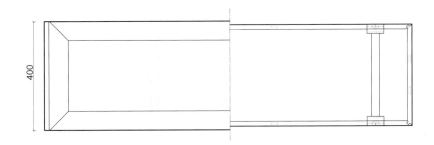

三视结构（CAD 图 1）

3. 用材效果

用材效果（材质：紫檀；效果图 2）

用材效果（材质：黄花梨；效果图 3）

用材效果（材质：红酸枝；效果图 4）

4. 结构爆炸

结构爆炸（效果图 5）

129

5. 部件示意

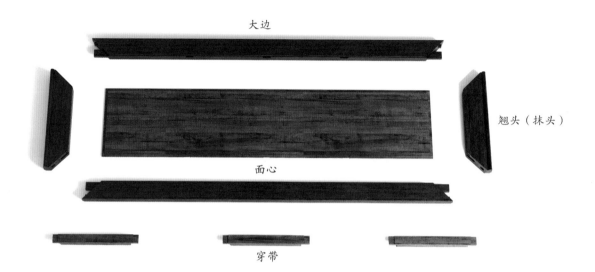

大边

翘头（抹头）

面心

穿带

部件示意—案面（效果图 6）

部件示意—腿子（效果图 7）

130

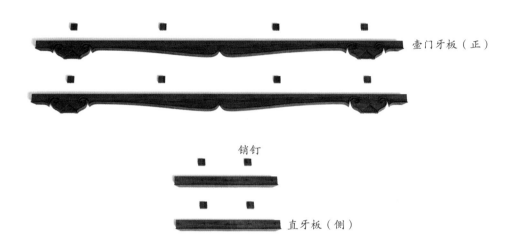

壶门牙板（正）

销钉

直牙板（侧）

部件示意—牙板（效果图 8）

部件示意—横枨（效果图 9）

6. 细部详解

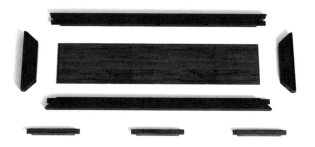

细部效果—案面（效果图 10）

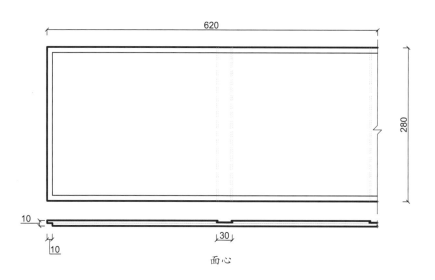

面心

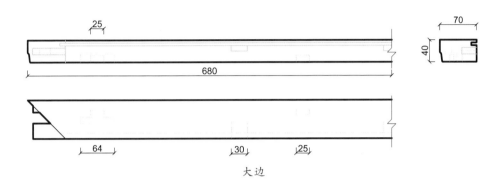

大边

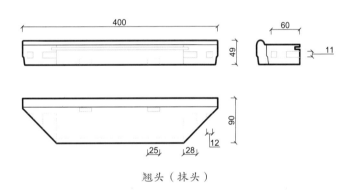

翘头（抹头）

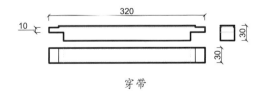

穿带

细部效果—牙板（效果图 11）

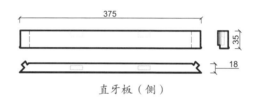

直牙板（侧）

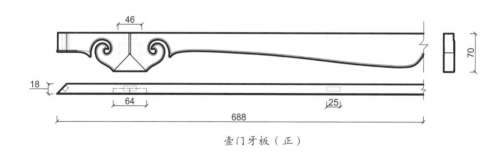

壸门牙板（正）

细部结构—牙板（CAD 图 6 ~ 图 7）

细部效果—横枨（效果图 12）

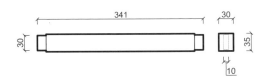

细部结构—横枨（CAD 图 8）

细部效果—腿子（效果图 13）

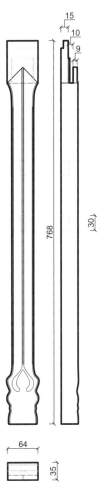

细部结构—腿子（CAD 图 9）

卷云纹直牙板平头案

材质：黄花梨

丰款：明

整体外观（效果图1）

1. 器形点评

此案案面长方平直，攒框打槽装板，冰盘沿线脚。下装直牙板，牙头铿出卷云纹，四条腿为圆材，直落到地。前后腿之间有双横枨相连。此案做工精湛，简洁无饰，美观大方，疏朗俊秀，是一件明式风格的经典器形。

2. CAD 图示

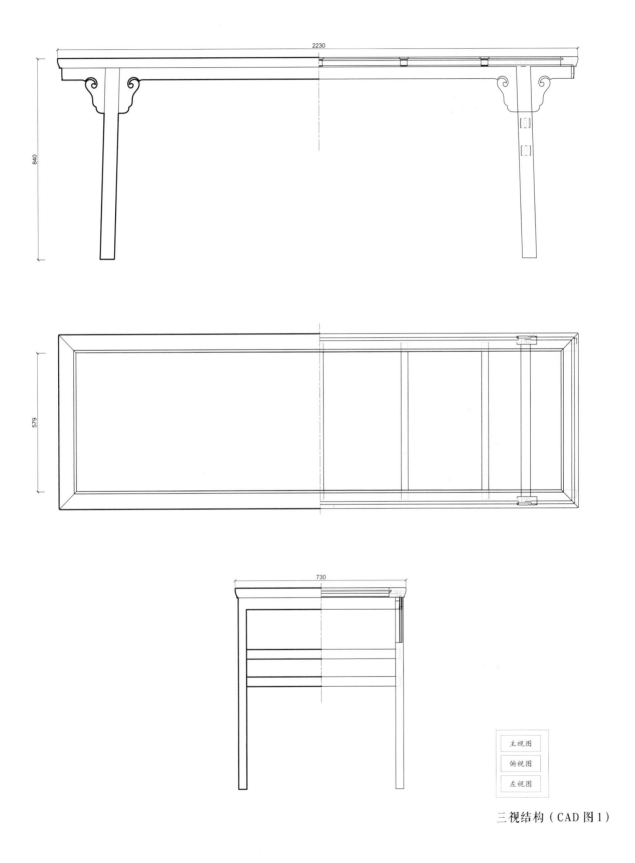

三视结构（CAD 图 1）

主视图
俯视图
左视图

3. 用材效果

用材效果（材质：紫檀；效果图 2 ）

用材效果（材质：黄花梨；效果图 3 ）

用材效果（材质：红酸枝；效果图 4 ）

138

4. 结构爆炸

结构爆炸（效果图 5）

5. 部件示意

抹头

面心

穿带

大边

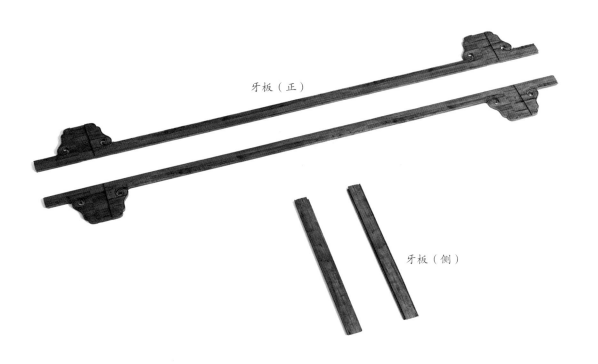

牙板（正）

牙板（侧）

部件示意—牙板（效果图 7）

部件示意—横枨（效果图 8）

部件示意—腿子（效果图 9）

141

6. 细部详解

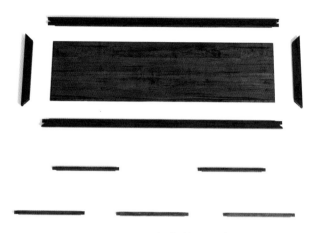

细部效果—案面（效果图 10）

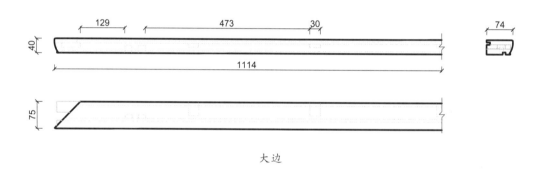

大边

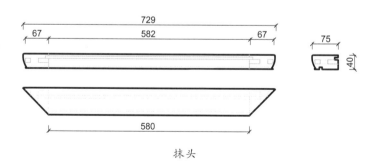

抹头

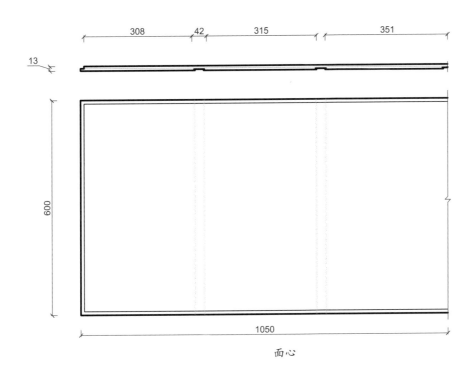

面心

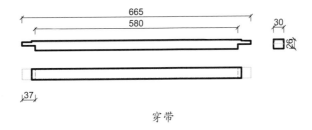

穿带

细部效果—牙板（效果图 11）

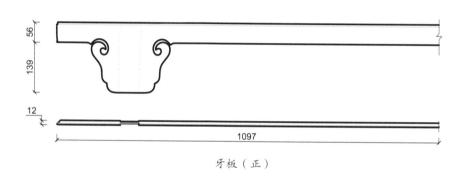

牙板（正）

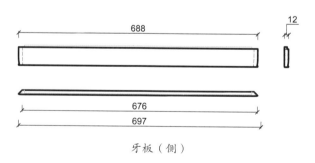

牙板（侧）

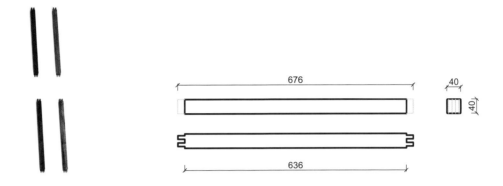

细部效果—横枨（效果图 12）

细部结构—横枨（CAD 图 8）

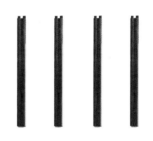

细部效果—腿子（效果图 13）

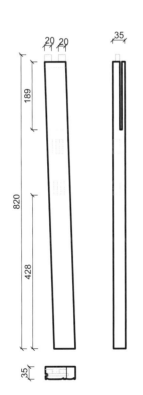

细部结构—腿子（CAD 图 9）

嵌铁梨木平头案

材质：红酸枝

丰款：明

整体外观（效果图 1）

1. 器形点评

此案案面长方平直，攒框打槽装铁梨木面心，冰盘沿线脚。下装素牙板，四腿为纤细的圆材，直落到地，略外展，形成挓角。前后腿之间装有双横枨。此条案做工精湛，外形苗条纤细，疏朗俊秀，是一件经典的明式家具。

2. CAD 图示

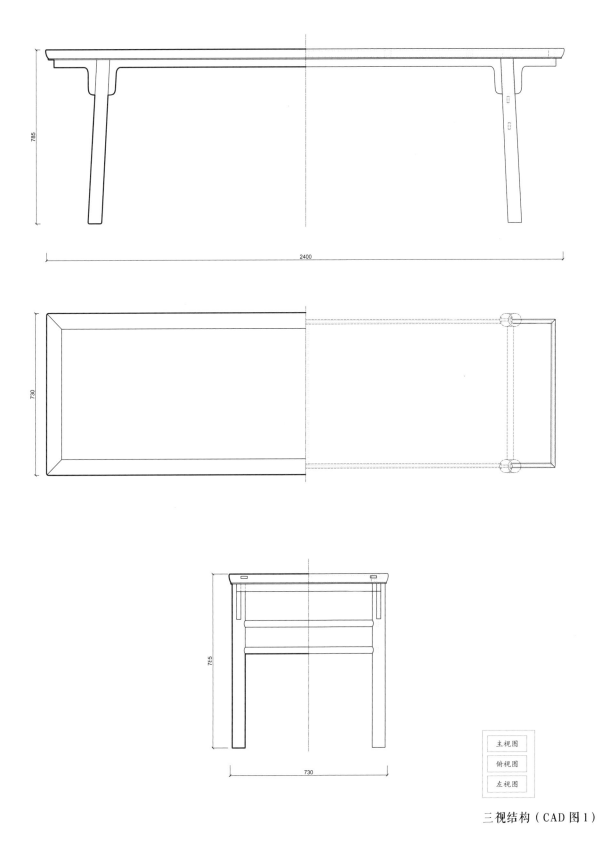

三视结构（CAD 图 1）

主视图
俯视图
左视图

3. 用材效果

用材效果（材质：紫檀；效果图 2）

用材效果（材质：黄花梨；效果图 3）

用材效果（材质：红酸枝；效果图 4）

4. 结构爆炸

结构爆炸（效果图 5 ）

5. 部件示意

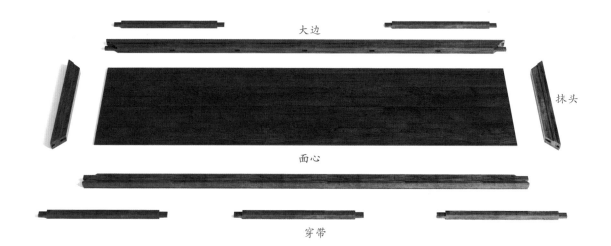

大边

抹头

面心

穿带

部件示意—案面（效果图 6）

部件示意—腿子（效果图 7）

150

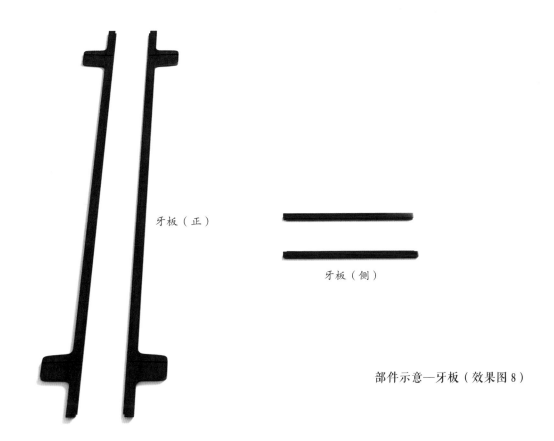

牙板（正）

牙板（侧）

部件示意—牙板（效果图 8）

部件示意—横枨（效果图 9）

6. 细部详解

细部效果—案面（效果图10）

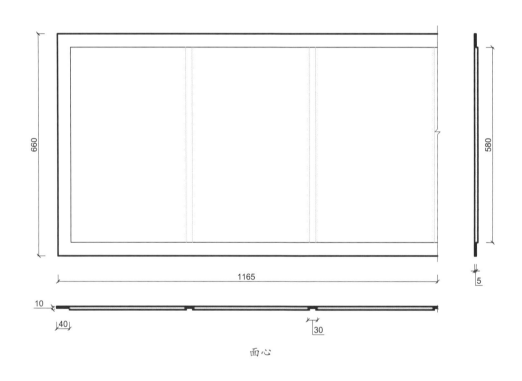

面心

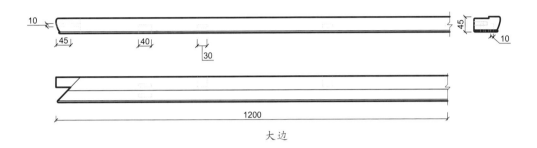

大边

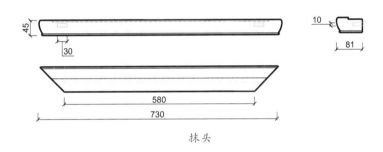

抹头

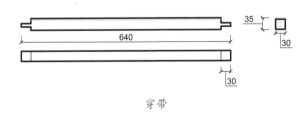

穿带

细部结构—案面（CAD 图 2 ~ 图 5）

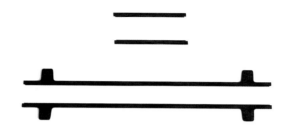

细部效果—牙板（效果图11）

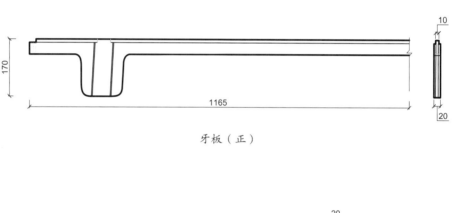

牙板（正）

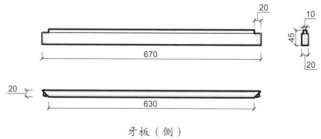

牙板（侧）

細部结构—牙板（CAD 图 6 ~ 图 7）

154

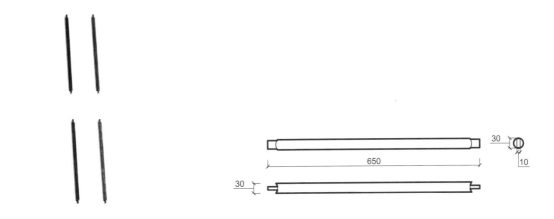

细部效果—横枨（效果图 12）

细部结构—横枨（CAD 图 8）

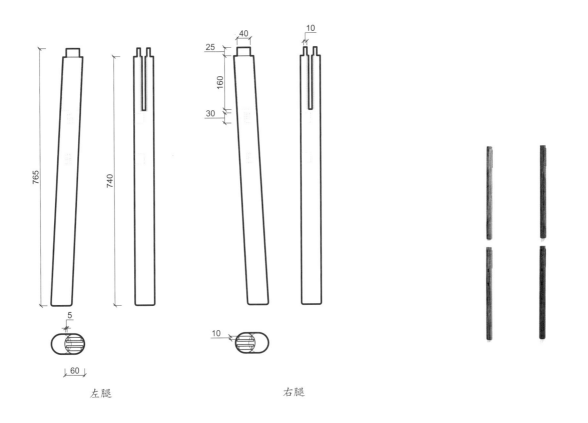

左腿

右腿

细部结构—腿子（CAD 图 9 ~ 图 10）

细部效果—腿子（效果图 13）

高罗锅枨小条案

材质：黄花梨

年款：明

整体外观（效果图1）

1. 器形点评

　　此案案面为长方形，攒框打槽装板，冰盘沿线脚。桌面下安有光素的牙板。四腿为圆材，直落到地。四腿上端贴着牙板又装有高高拱起的罗锅枨，起到加固作用，前后两腿之间安有双横枨。此案造型简洁明快，四腿修长俊秀，亭然玉立。

2. CAD 图示

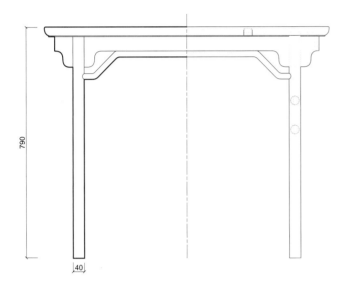

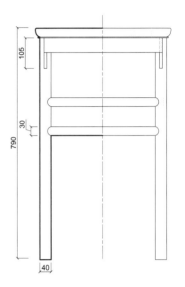

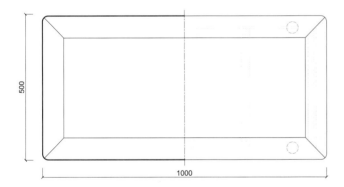

三视结构（CAD 图 1）

3. 用材效果

用材效果（材质：紫檀；效果图 2 ）

用材效果（材质：黄花梨；效果图 3 ）

用材效果（材质：红酸枝；效果图 4 ）

4. 结构爆炸

结构爆炸（效果图 5）

5. 部件示意

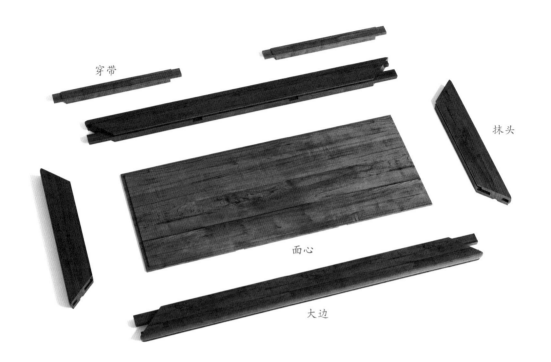

穿带

抹头

面心

大边

部件示意—案面（效果图 6）

部件示意—横枨（效果图 7）

牙板（侧）

牙板（正）

部件示意—牙板（效果图 8）

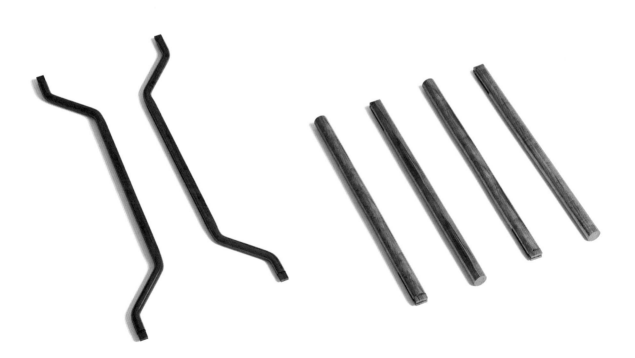

部件示意—罗锅枨（效果图 9）

部件示意—腿子（效果图 10）

6. 细部详解

细部效果—案面（效果图 11）

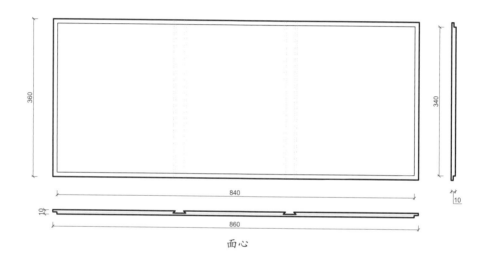

面心

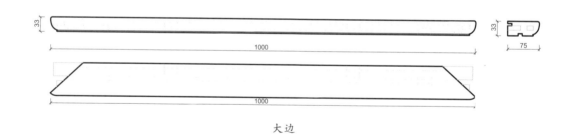

大边

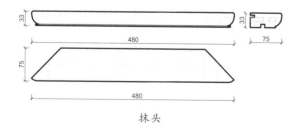

抹头

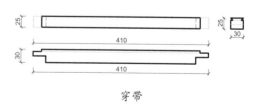

穿带

细部结构—案面（CAD 图 2 ~ 图 5）

细部效果—横枨（效果图12）

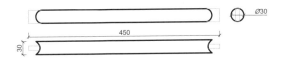

细部结构—横枨（CAD图6）

细部效果—罗锅枨（效果图13）

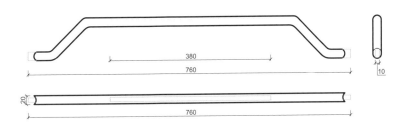

细部结构—罗锅枨（CAD图7）

细部效果—牙板（效果图14）

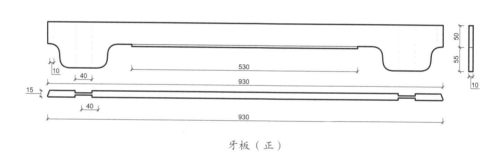

牙板（正）

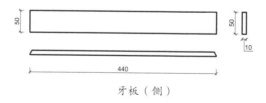

牙板（侧）

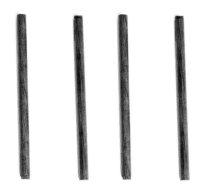

细部效果—腿子（效果图 15）

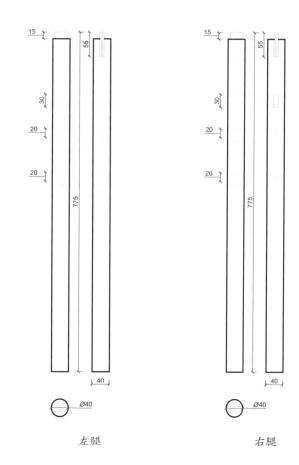

左腿　　　　　　　　　　右腿

双横枨翘头案

材质：红酸枝

年款：明

整体外观（效果图 1）

1. 器形点评

    此案案面两端翘起，如飞鸟展翅。案面之下安有直牙板，牙头锼出卷云纹。四腿为方材，直落到地，腿子中间起两炷香线，前后两腿之间安有双横枨。此案线条简洁疏朗，灵秀可人，为明式家具的典范之作。

2. CAD 图示

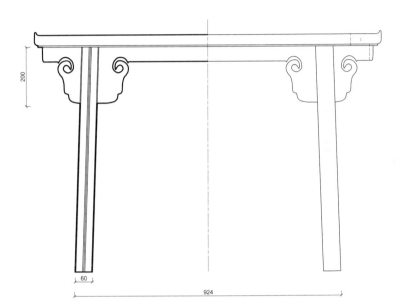

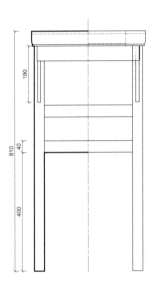

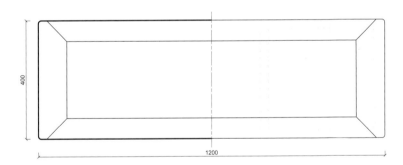

三视结构（CAD 图 1）

3. 用材效果

用材效果（材质：紫檀；效果图 2）

用材效果（材质：黄花梨；效果图 3）

用材效果（材质：红酸枝；效果图 4）

4. 结构爆炸

结构爆炸（效果图 5）

5. 部件示意

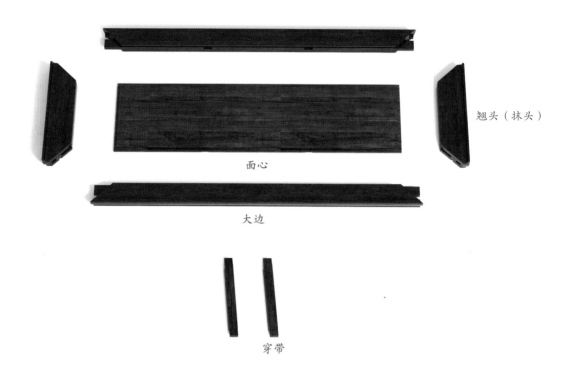

翘头（抹头）

面心

大边

穿带

部件示意—案面（效果图 6）

部件示意—横枨（效果图 7）

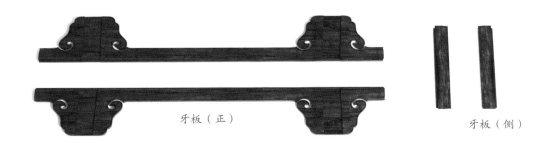

牙板（正）　　　　　　　　　牙板（侧）

部件示意—牙板（效果图 8）

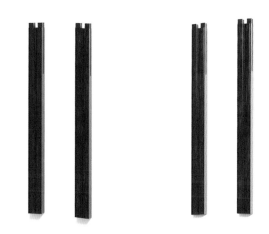

部件示意—腿子（效果图 9）

6. 细部详解

细部效果—案面（效果图 10）

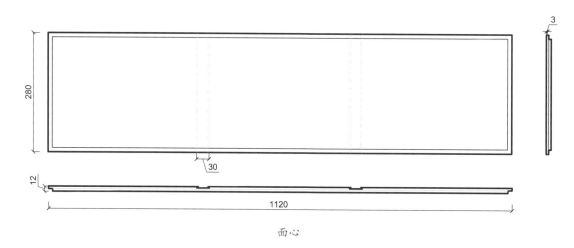

面心

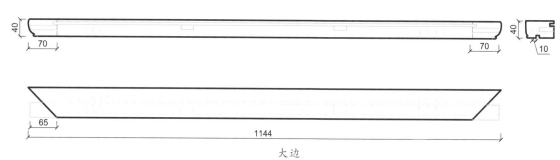

大边

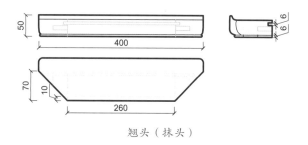

翘头（抹头）

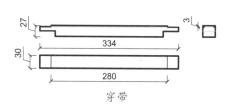

穿带

细部结构—案面（CAD 图 2 ~ 图 5）

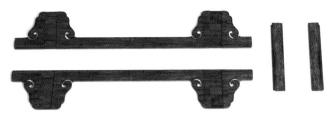

细部效果—牙板（效果图 11）

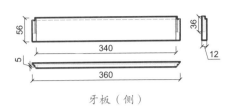

牙板（侧）

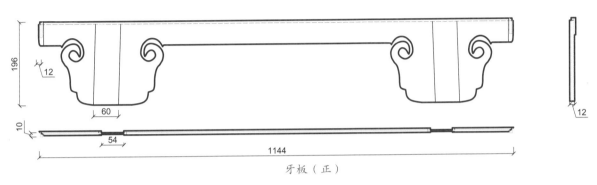

牙板（正）

细部结构—牙板（CAD 图 6 ~ 图 7）

细部效果—横枨（效果图 12）

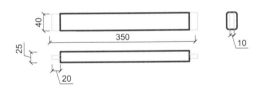

细部结构—横枨（CAD 图 8）

细部效果—腿子（效果图 13）

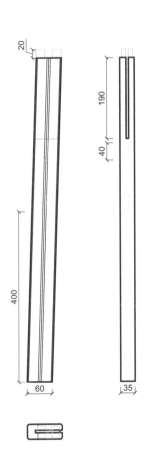

细部结构—腿子（CAD 图 9）

带托子直牙板翘头案

材质：红酸枝

丰款：明

整体外观（效果图1）

1. 器形点评

　　此案案面两端向外翘起，案面之下安有直牙板，牙头为两卷相抵的云纹。四腿为方材，直下，下端装有托子。前后两腿间上端安有双横枨，横枨之间装两块绦环板，中间形成葵纹透光。此案造型端庄稳重，素雅大气，是明式家具的典范之作。

2. CAD 图示

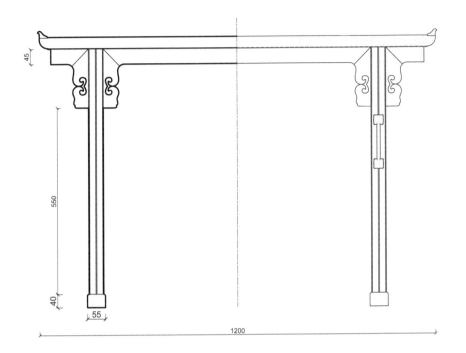

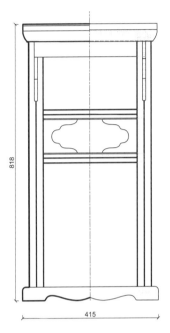

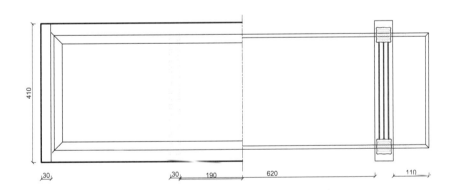

三视结构（CAD 图 1）

3. 用材效果

用材效果（材质：紫檀；效果图2）

用材效果（材质：黄花梨；效果图3）

用材效果（材质：红酸枝；效果图4）

4. 结构爆炸

结构爆炸（效果图 5）

5. 部件示意

穿带

大边

翘头

面心

大边压条

抹头压条

抹头

部件示意—案面（效果图6）

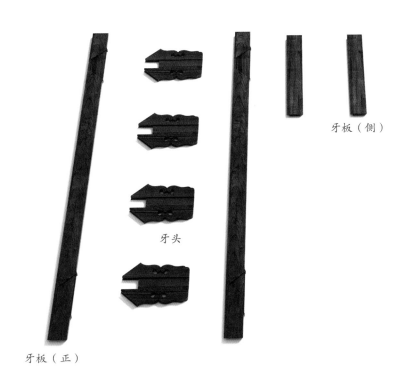

牙板（侧）

牙头

牙板（正）

部件示意—牙子（效果图 7）

179

部件示意—腿子（效果图 8）

绦环板

横枨

部件示意—横枨和绦环板（效果图 9）

部件示意—托子（效果图 10）

6. 细部详解

细部效果—案面（效果图 11）

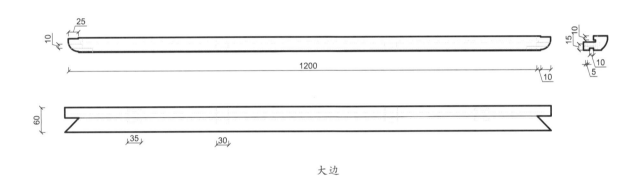

大边

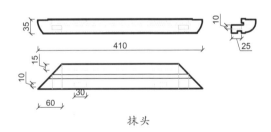

抹头

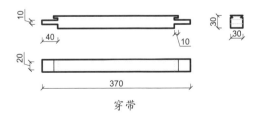

穿带

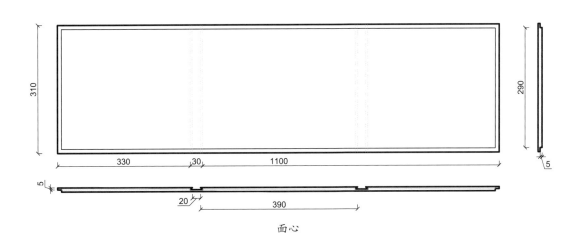

面心

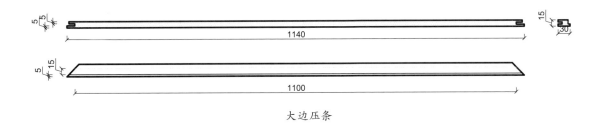

大边压条

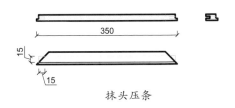

抹头压条

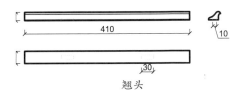

翘头

细部结构—案面（CAD 图 2 ~ 图 8）

细部效果—牙子（效果图 12）

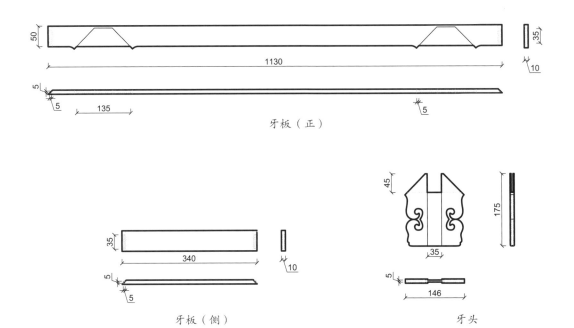

牙板（正）

牙板（侧）

牙头

细部结构—牙子（CAD 图 9 ~ 图 11）

绦环板

横枨

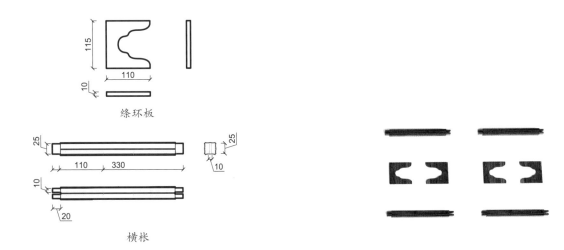

细部结构—横枨和绦环板（CAD 图 12 ~ 图 13）　　　　细部效果—横枨和绦环板（效果图 13）

细部效果—腿子（效果图 14）

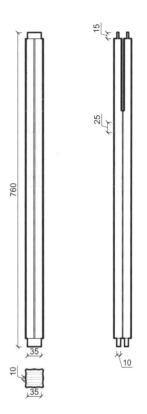

细部结构—腿子（CAD 图 14）

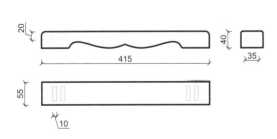

细部结构—托子（CAD 图 15）

细部效果—托子（效果图 15）

罗锅枨条案

材质：黄花梨

年款：明

整体外观（效果图1）

1. 器形点评

此案案面长方平直，攒框打槽装板，案面之下安有素牙板。四腿为圆材，直落到地。前后两腿之间装有拱起的罗锅枨。此案通体无饰，光素平直，简洁大方，有素面朝天的自然美感。

2. CAD 图示

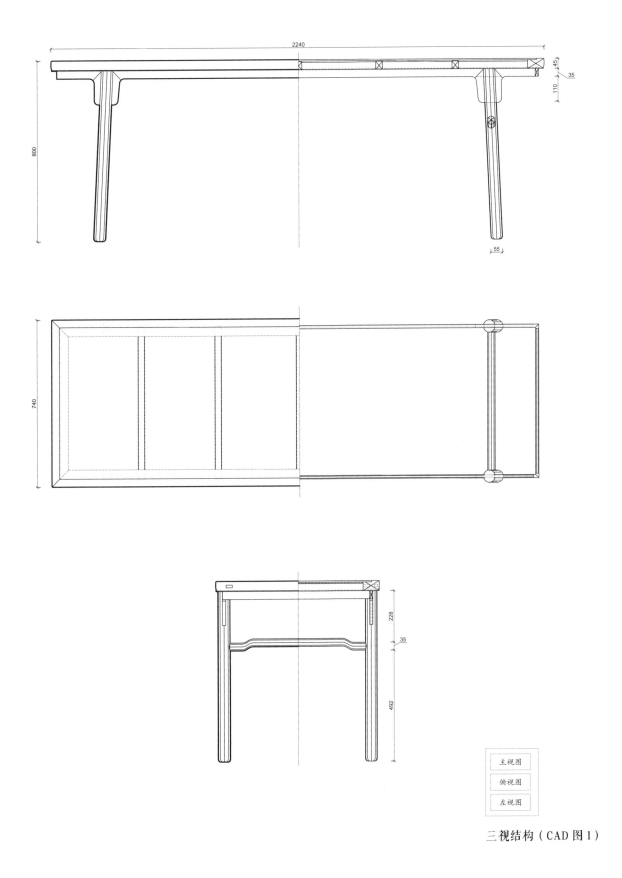

2240

800

110
45
35

55

740

228

35

492

主视图

俯视图

左视图

三视结构（CAD 图 1）

3. 用材效果

用材效果（材质：紫檀；效果图 2）

用材效果（材质：黄花梨；效果图 3）

用材效果（材质：红酸枝；效果图 4）

4. 结构爆炸

结构爆炸（效果图 5）

5. 部件示意

抹头

大边

穿带

面心

部件示意—案面（效果图6）

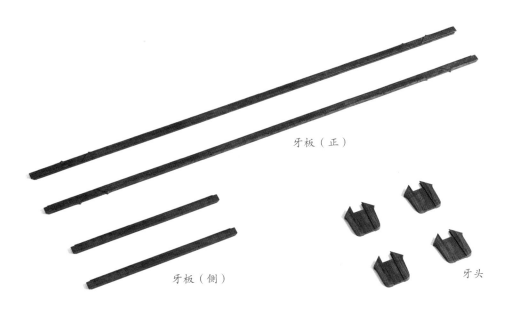

牙板（正）

牙板（侧）

牙头

部件示意—牙子（效果图 7）

部件示意—罗锅枨（效果图 8）

部件示意—腿子（效果图 9）

6. 细部详解

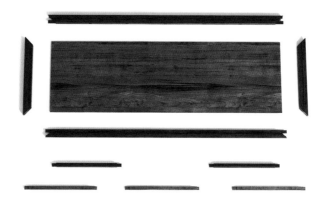

细部效果—案面（效果图 10）

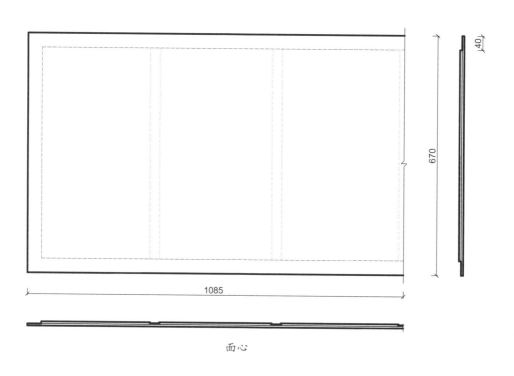

面心

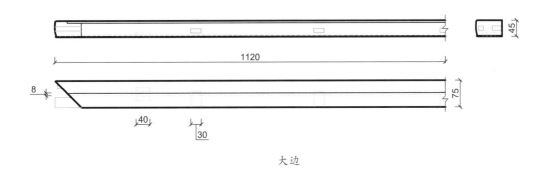

大边

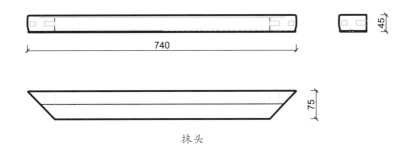

抹头

穿带

细部结构—案面（CAD 图 2 ~ 图 5 ）

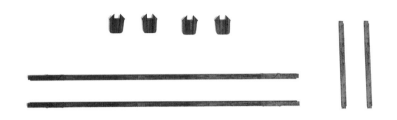

细部效果—牙子（效果图 11）

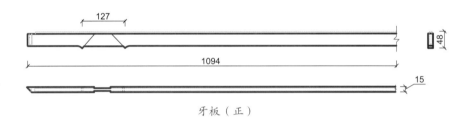

牙板（正）

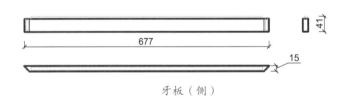

牙板（侧）

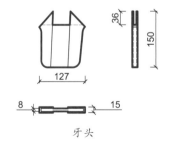

牙头

细部结构—牙子（CAD 图 6 ~ 图 8）

细部效果—罗锅枨（效果图 12）

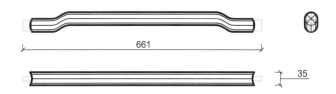

细部结构—罗锅枨（CAD 图 9）

细部效果—腿子（效果图 13）

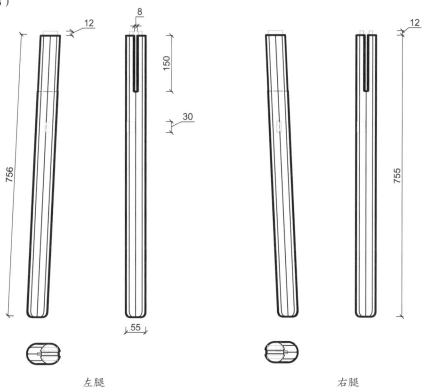

左腿　　　　　　　　　　右腿

细部结构—腿子（CAD 图 10～图 11）

仰俯山棂格平头案

材质：红酸枝

丰款：清

整体外观（效果图1）

1. 器形点评

此案案面长方平直，攒框打槽装板，案面面沿起阳线。案面之下安素牙板，四腿为方材，中有两炷香线，前后两腿之间以横竖材攒成仰俯山棂格，足下安有托子。此案造型稳重大方，简洁明快。

2. CAD 图示

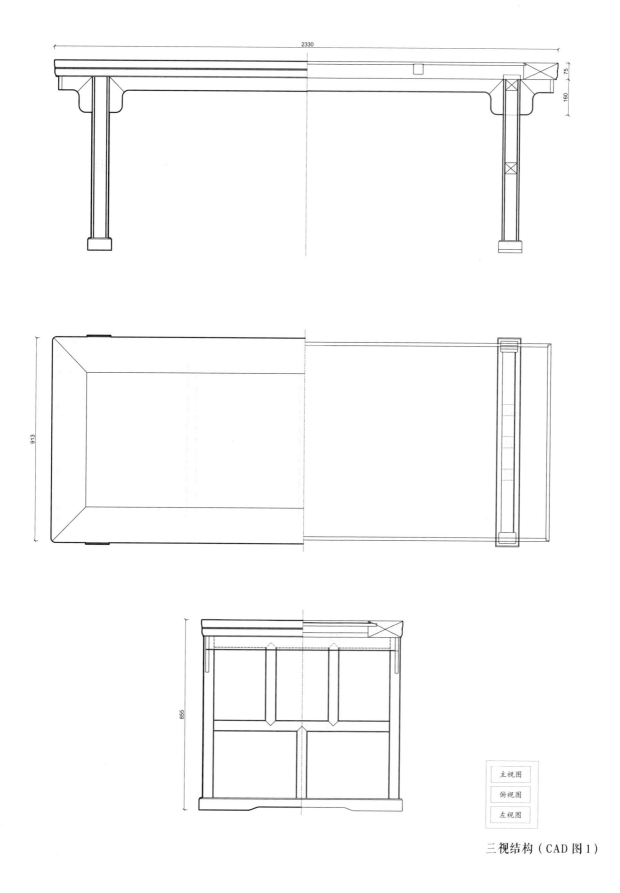

三视结构（CAD 图1）

3. 用材效果

用材效果（材质：紫檀；效果图 2）

用材效果（材质：黄花梨；效果图 3）

用材效果（材质：红酸枝；效果图 4）

4. 结构爆炸

结构爆炸（效果图 5）

5. 部件示意

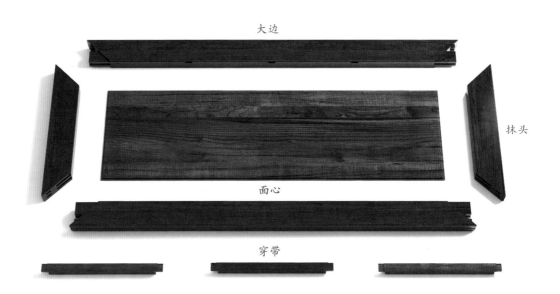

大边

抹头

面心

穿带

部件示意—案面（效果图 6）

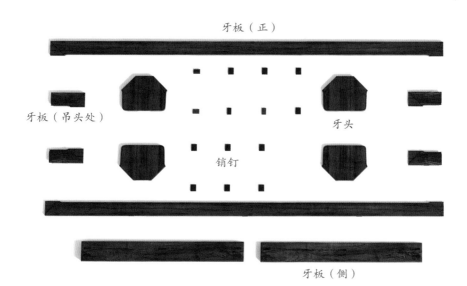

牙板（正）

牙板（吊头处）

牙头

销钉

牙板（侧）

部件示意—牙子（效果图 7）

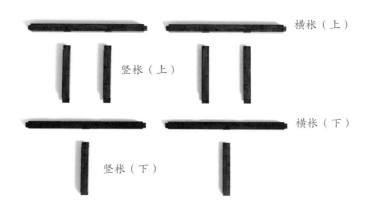

横枨（上）

竖枨（上）

横枨（下）

竖枨（下）

部件示意—枨子（效果图 8）

部件示意—托子（效果图 9）

部件示意—腿子（效果图 10）

6. 细部详解

细部效果—牙子（效果图 11）

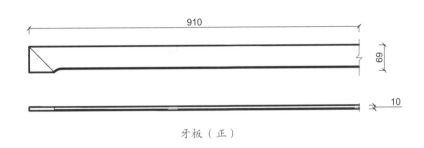

牙板（正）

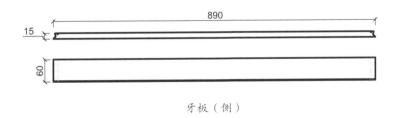

牙板（侧）

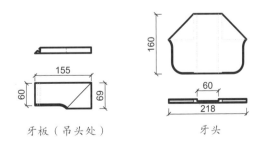

牙板（吊头处）　　　　牙头

细部结构—牙子（CAD 图 2 ~ 图 5）

细部效果—案面（效果图 12）

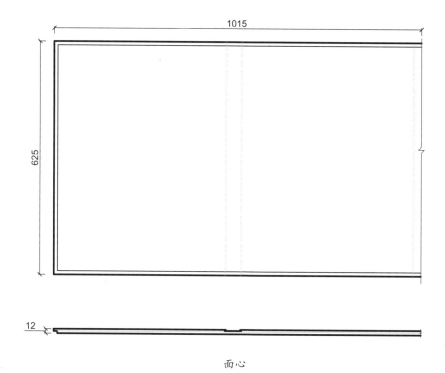

面心

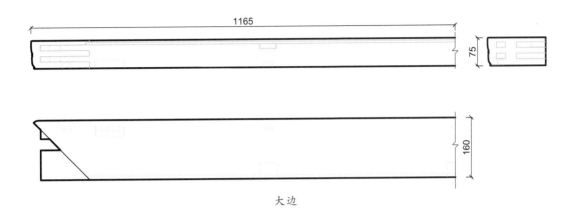

大边

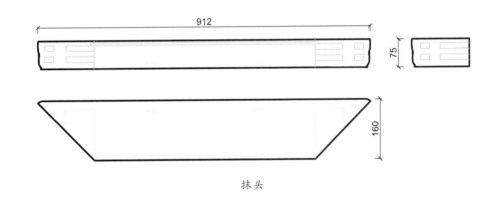

抹头

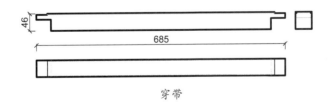

穿带

细部结构—案面（CAD 图 6 ~ 图 9）

细部效果—托子（效果图 13）

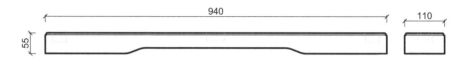

细部结构—托子（CAD 图 10）

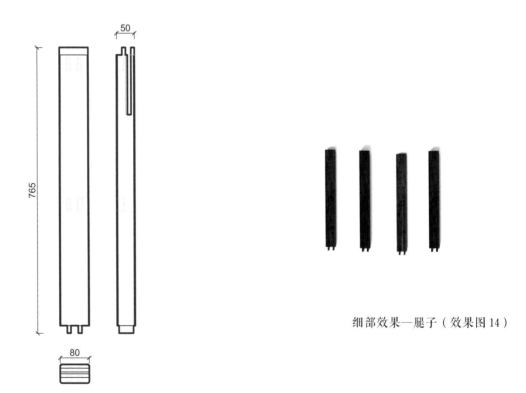

细部效果—腿子（效果图 14）

细部结构—腿子（CAD 图 11）

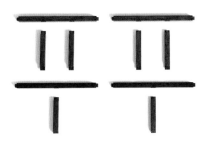

细部效果—枨子（效果图15）

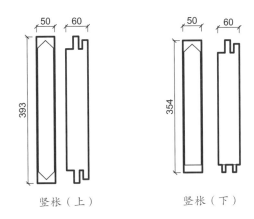

竖枨（上）   竖枨（下）

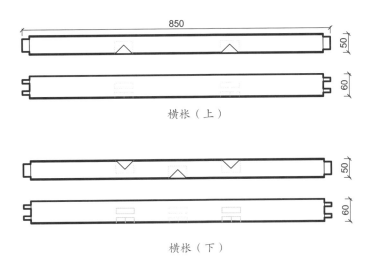

横枨（上）

横枨（下）

细部结构—枨子（CAD 图 12 ~ 图 15）

壶门牙板剑腿条案

材质：红酸枝

年款：明

整体外观（效果图1）

1. 器形点评

　　此案案面长方形，冰盘沿线脚，边沿起阳线。案面下为壶门牙板。四腿为方材，与案面插肩榫相交，直落到地，足端雕成仰俯云纹，下踩柱础。腿子中间起一炷香阳线，上端起云纹翅，前后两腿间装双横枨。此案造型简洁，线条流畅，美观大方。

2. CAD 图示

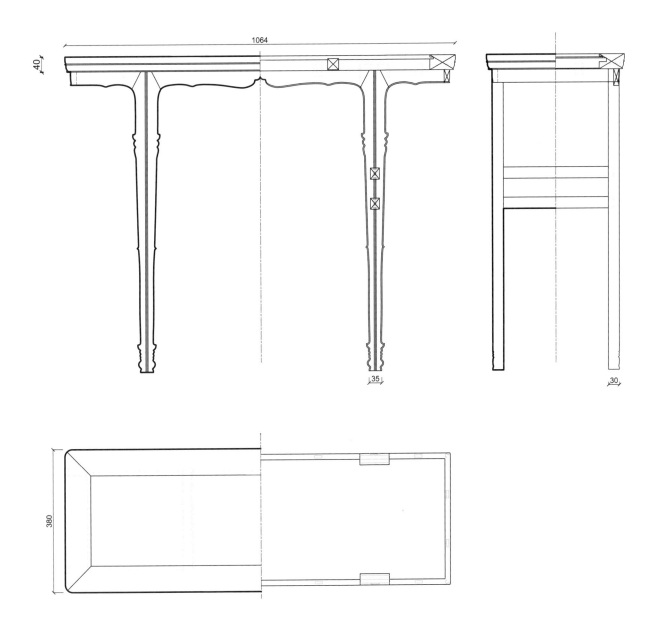

1064

40

35

30

380

主视图　左视图
俯视图

三视结构（CAD 图 1）

3. 用材效果

用材效果（材质：紫檀；效果图2）

用材效果（材质：黄花梨；效果图3）

用材效果（材质：红酸枝；效果图4）

4. 结构爆炸

结构爆炸（效果图 5）

5. 部件示意

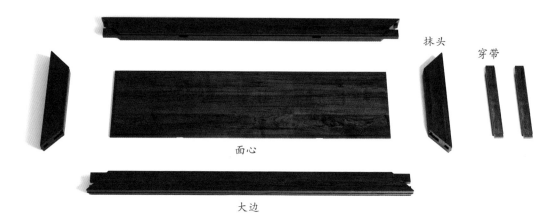

抹头

穿带

面心

大边

部件示意—案面（效果图 6）

部件示意—横枨（效果图 7）

212

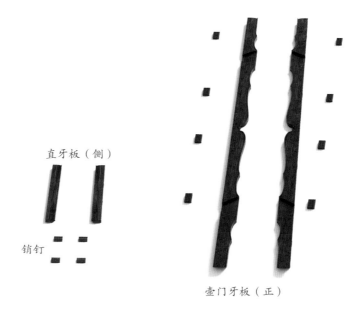

直牙板（侧）

销钉

壸门牙板（正）

部件示意—牙板（效果图 8）

部件示意—腿子（效果图 9）

213

6. 细部详解

细部效果—案面（效果图10）

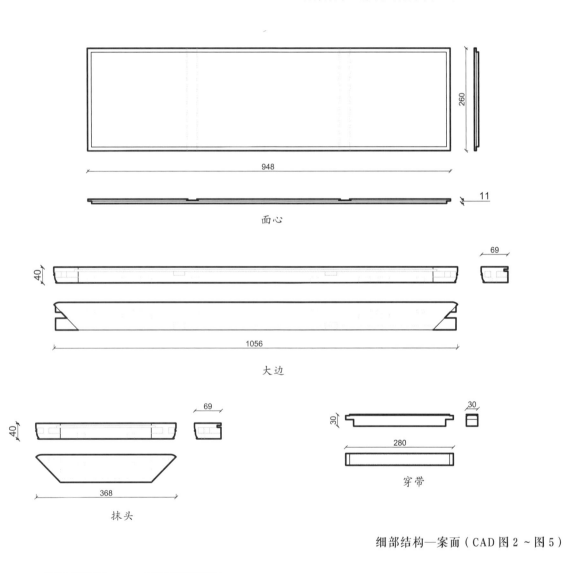

面心

大边

穿带

抹头

细部结构—案面（CAD图 2 ~ 图 5）

细部效果—横枨（效果图11）

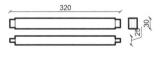

细部结构—横枨（CAD图 6）

直牙板（侧）

细部效果—牙板（效果图12）

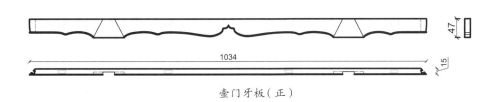

壶门牙板（正）

细部结构—牙板（CAD图7～图8）

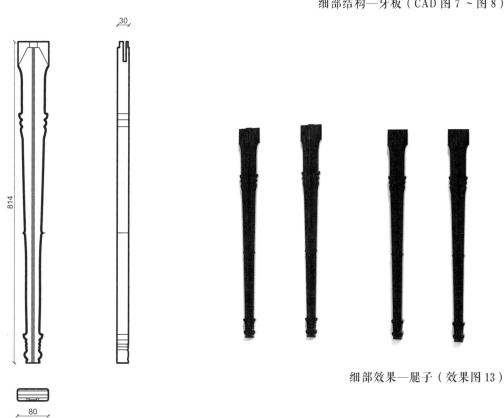

细部效果—腿子（效果图13）

细部结构—腿子（CAD图9）

嵌大理石卷云纹平头案

材质：黄花梨

年款：明

整体外观（效果图1）

1. 器形点评

    此案案面长方平直，四边攒框，中装大理石面心。案面之下安素牙板，牙头锼成卷云纹。四腿为圆材，略外展，形成侧脚，直落到地。前后腿上部装双横枨。此桌整体简洁大方，做工精湛。

2. CAD 图示

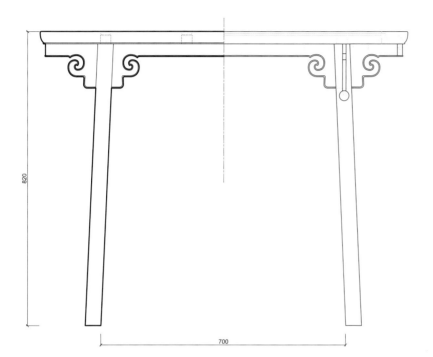

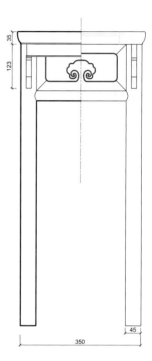

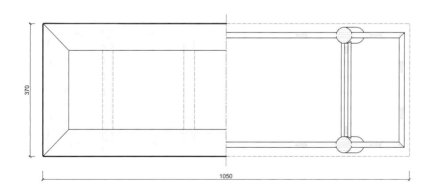

三视结构（CAD 图 1）

3. 用材效果

用材效果（材质：紫檀；效果图 2 ）

用材效果（材质：黄花梨；效果图 3 ）

用材效果（材质：红酸枝；效果图 4 ）

4. 结构爆炸

结构爆炸（效果图 5）

5. 部件示意

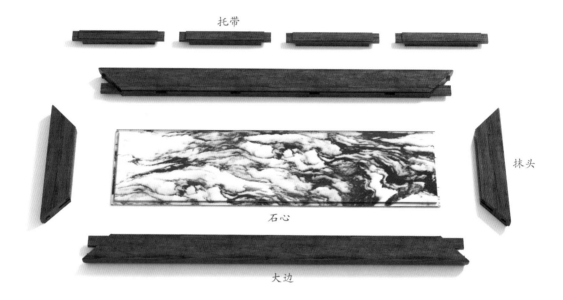

托带

抹头

石心

大边

部件示意—案面（效果图 6）

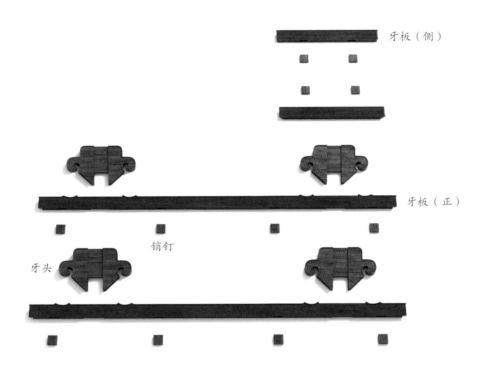

牙板（侧）

牙板（正）

销钉

牙头

部件示意—牙子（效果图 7）

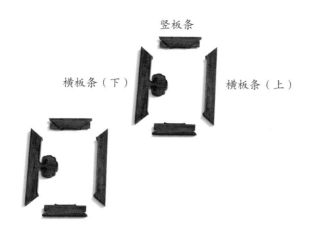

竖板条

横板条（下）　　　　　　　　　横板条（上）

部件示意—圈口结构（效果图 8）

部件示意—横枨（效果图 9）

部件示意—腿子（效果图 10）

6. 细部详解

细部效果—案面（效果图11）

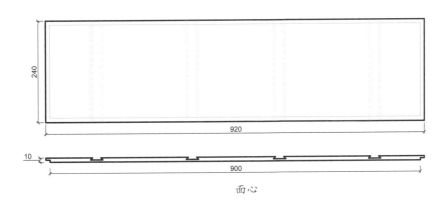

面心

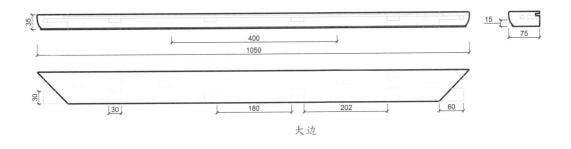

大边

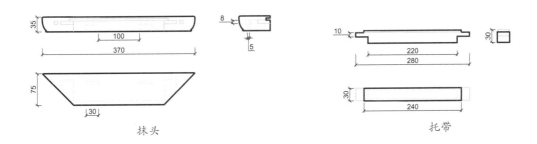

抹头

托带

细部结构—案面（CAD图2~图5）

细部效果—横枨（效果图 12）

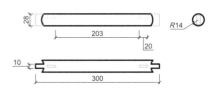

细部结构—横枨（CAD 图 6）

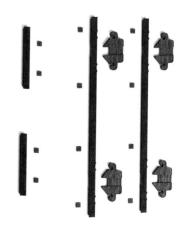

细部效果—牙子（效果图 13）

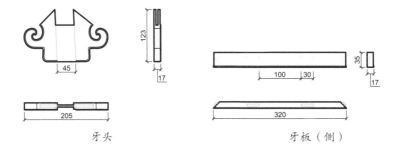

牙头   牙板（侧）

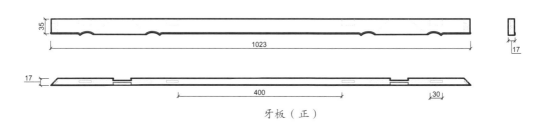

牙板（正）

细部结构—牙子（CAD 图 7 ~ 图 9）

细部效果—圈口结构（效果图 14）

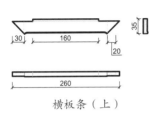

横板条（上）

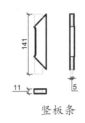

竖板条

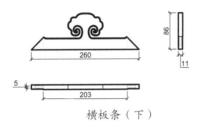

横板条（下）

细部结构—圈口结构（CAD 图 10 ~ 图 12）

细部效果—腿子（效果图 15）

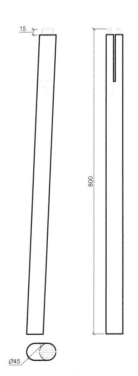

细部结构—腿子（CAD 图 13）

长方形圈口平头案

材质：紫檀

年款：清

整体外观（效果图1）

1. 器形点评

　　此案案面长方平直，攒框打槽装板。案面之下安直牙板，牙头锼成云纹。四腿为方材，直下，足端装托子。前后腿之间装圈口。此案整体造型端庄大气，简洁明快。

2. CAD 图示

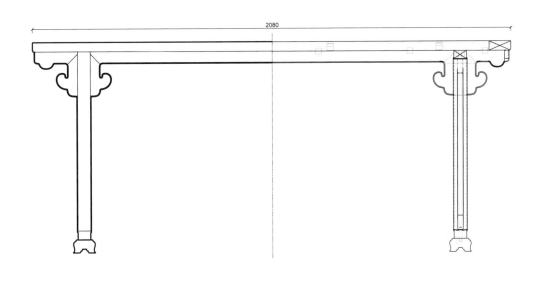

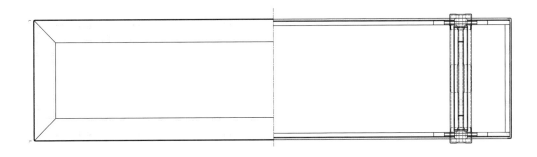

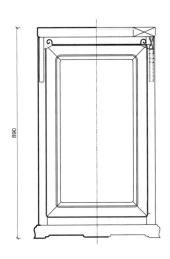

三视结构（CAD 图 1）

3. 用材效果

用材效果（材质：紫檀；效果图 2）

用材效果（材质：黄花梨；效果图 3）

用材效果（材质：红酸枝；效果图 4）

4. 结构爆炸

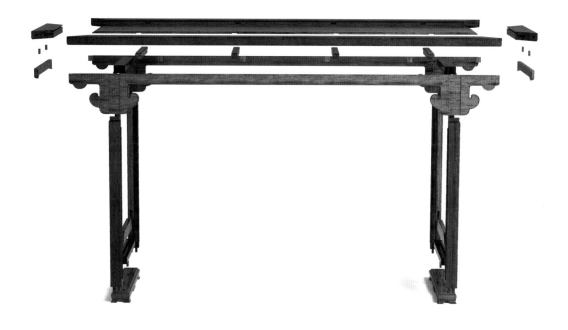

结构爆炸（效果图 5）

5. 部件示意

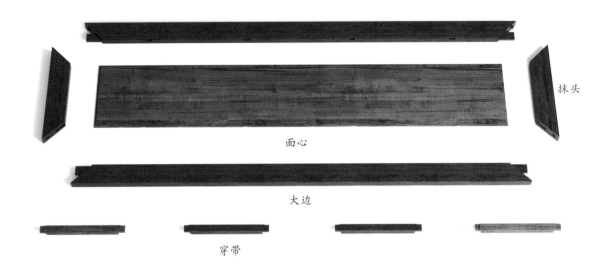

面心

抹头

大边

穿带

部件示意—案面（效果图 6）

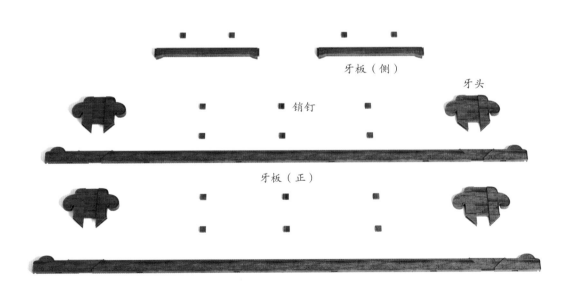

牙板（侧）

牙头

销钉

牙板（正）

部件示意—牙子（效果图 7）

横枨（上）

横板条

竖板条

横枨（下）

部件示意—圈口结构（效果图 8）

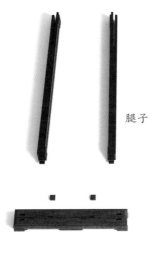

腿子

托子

部件示意—腿子和托子（效果图 9）

231

6. 细部详解

细部效果—案面（效果图10）

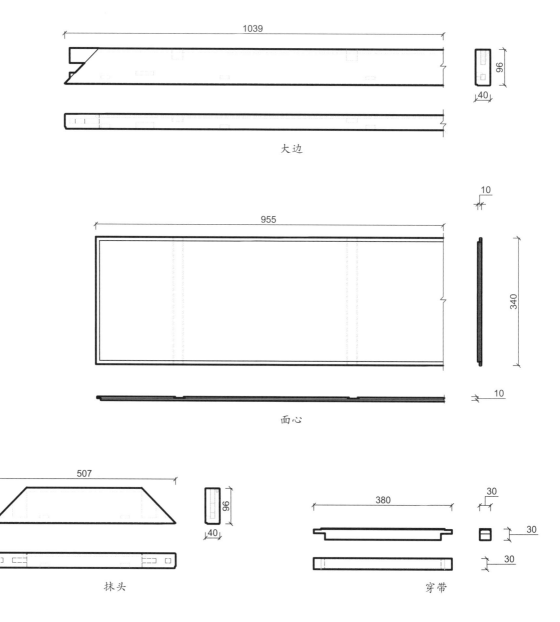

1039

96

40

大边

10

955

340

10

面心

507

96

40

抹头

380

30

30

30

穿带

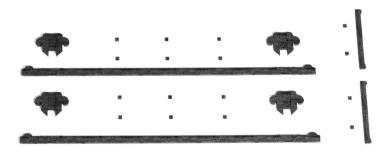

细部效果—牙子（效果图11）

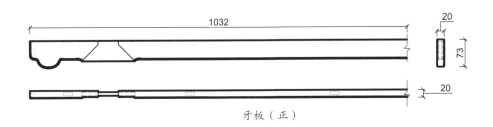

牙板（正）

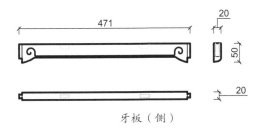

牙板（侧）

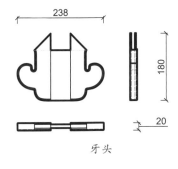

牙头

细部结构—牙子（CAD图6～图8）

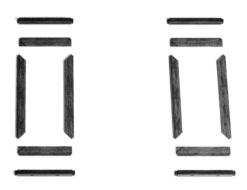

细部效果—圈口结构（效果图 12）

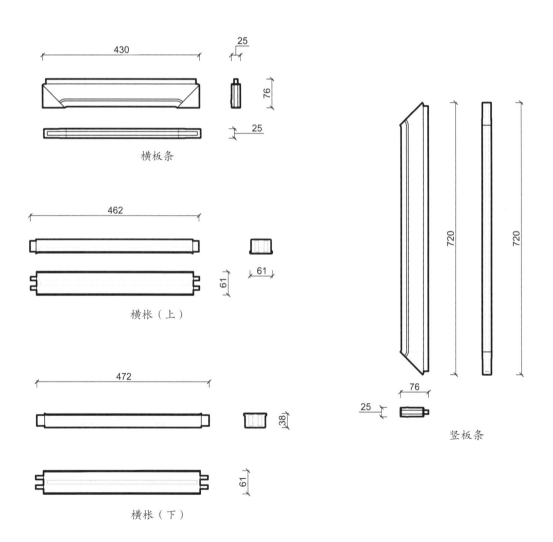

横板条

横枨（上）

横枨（下）

竖板条

细部结构—圈口结构（CAD 图 9 ~ 图 12）

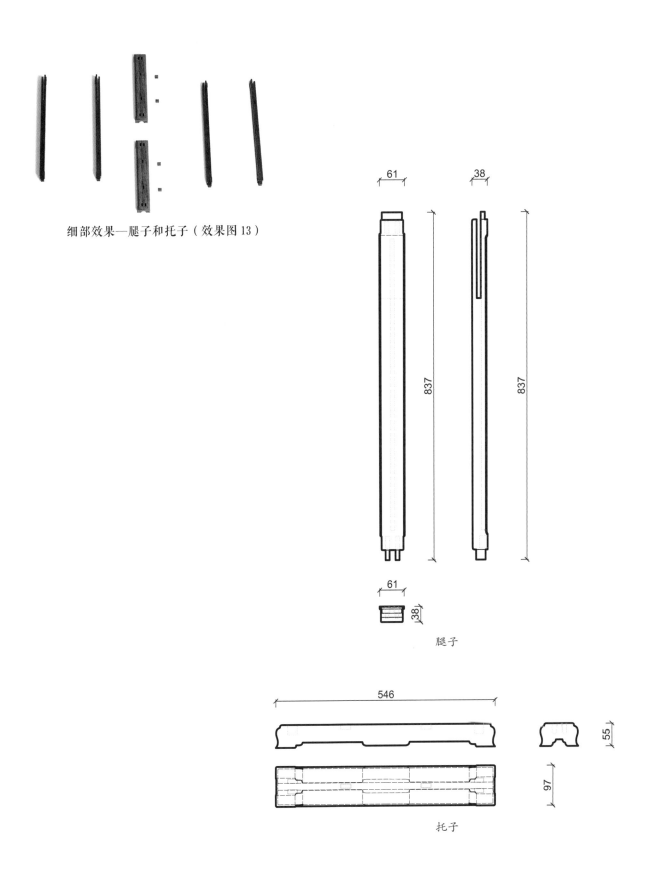

细部效果—腿子和托子（效果图 13）

61   38

837   837

61

38

腿子

546

55

97

托子

细部结构—腿子和托子（CAD 图 13 ~ 图 14）

235

插肩榫剑腿平头案

材质：黄花梨

年款：明

整体外观（效果图1）

1. 器形点评

　　此案案面长方平直，边抹面沿打洼，冰盘沿线脚。案面之下为壶门牙板。四腿为方材，腿上端与牙板插肩榫相接，四腿略微外展，形成侧脚，腿中部雕成卷叶纹，足下踩银锭柱础。前后腿间安双横枨。

2. CAD 图示

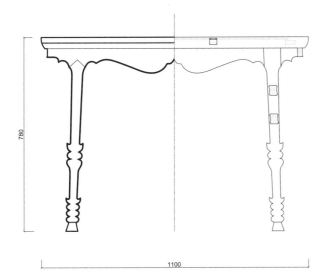

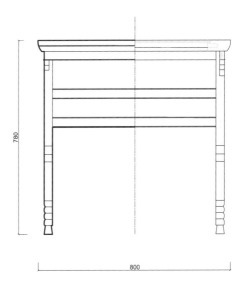

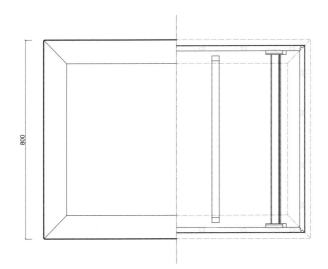

三视结构（CAD 图 1）

3. 用材效果

用材效果（材质：紫檀；效果图 2）

用材效果（材质：黄花梨；效果图 3）

用材效果（材质：红酸枝；效果图 4）

4. 结构爆炸

结构爆炸（效果图 5）

5. 部件示意

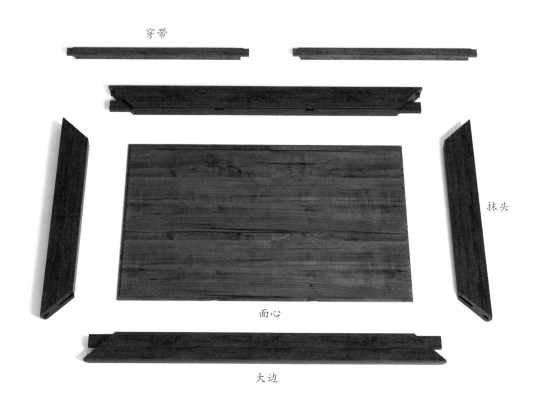

穿带

抹头

面心

大边

部件示意—案面（效果图6）

部件示意—横枨（效果图7）

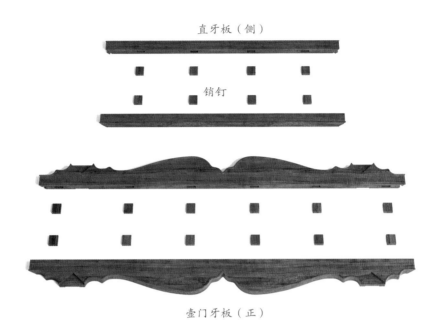

直牙板（侧）

销钉

壶门牙板（正）

部件示意—牙板（效果图 8）

部件示意—腿子（效果图 9）

241

6. 细部详解

细部效果—案面（效果图 10）

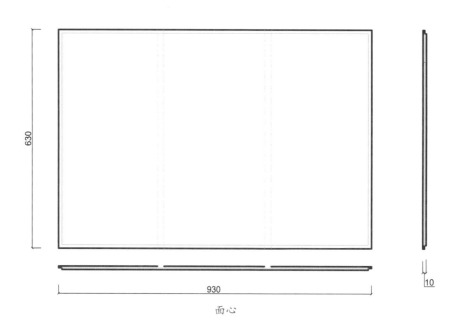

630

930

面心

10

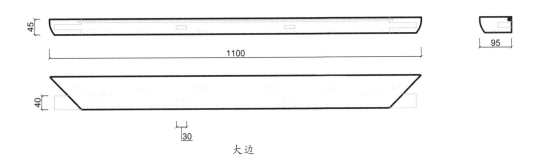

1100

45

95

40

30

大边

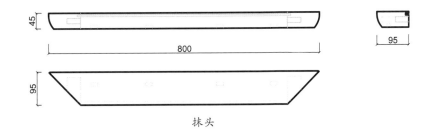

800

45

95

95

抹头

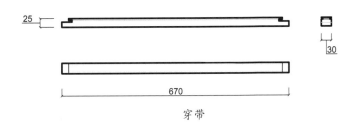

25

30

670

穿带

细部结构—案面（CAD 图 2～图 5）

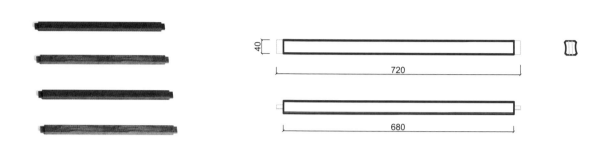

细部效果—横枨（效果图 11）　　　　　　　　　　　　细部结构—横枨（CAD 图 6）

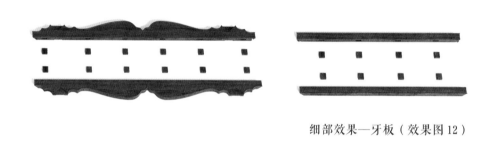

细部效果—牙板（效果图 12）

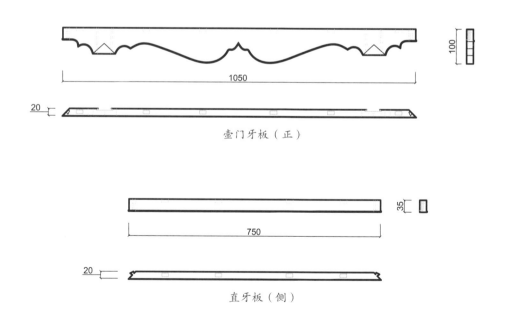

壶门牙板（正）

直牙板（侧）

细部结构—牙板（CAD 图 7 ~ 图 8）

细部效果—腿子（效果图 13 ）

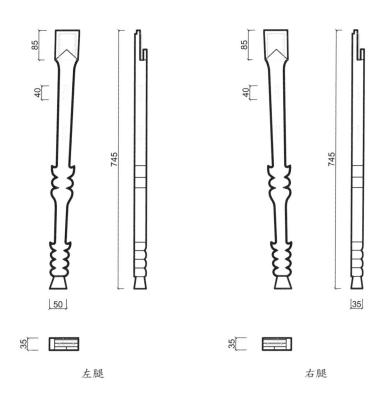

左腿

右腿

细部结构—腿子（CAD 图 9 ~ 图 10 ）

245

螭凤纹架几案

材质：黄花梨

年款：清

整体外观（效果图1）

1. 器形点评

　　此架几案由一块长方平直的案面板和一对架几组成。案面为一块通体光素的板材，案面两端之下各有一具长方形架几相承。两个架几为四面平式，上安抽屉，抽屉脸上浮雕凤纹，抽屉之下安有勾云牙子。四腿为方材，足下端安有托泥。此架几案在案面四角及四腿足端装有铜包角。架几案整体造型规整，方方正正，在抽屉脸及四角分别雕饰凤纹及安铜包角，于沉静中又略有变化，颇显大气。

2. CAD 图示

三视结构（CAD 图 1）

注：视图中部分纹饰略去。

3. 用材效果

用材效果（材质：紫檀；效果图 2）

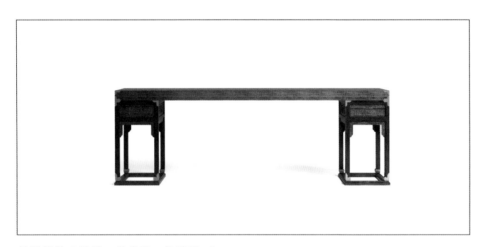

用材效果（材质：黄花梨；效果图 3）

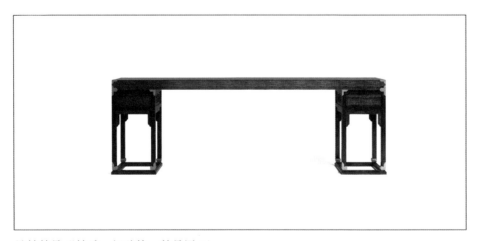

用材效果（材质：红酸枝；效果图 4）

4. 结构爆炸

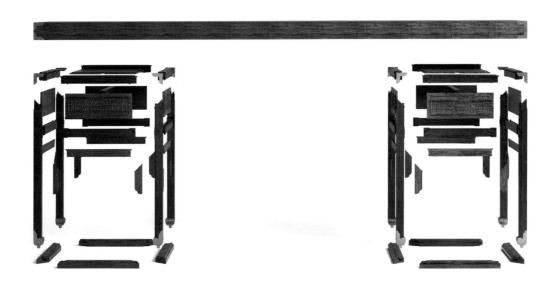

结构爆炸（效果图 5）

5. 部件示意

铜包角

面板

部件示意—案面（效果图 6）

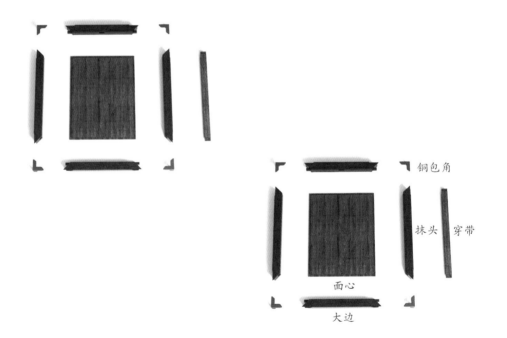

铜包角

抹头 穿带

面心

大边

部件示意—架几几面（效果图 7）

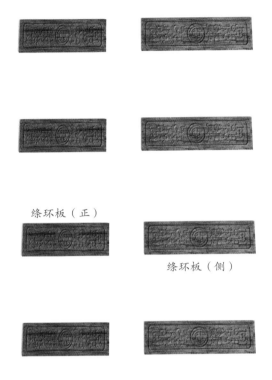

绦环板（正）

绦环板（侧）

部件示意—架几绦环板（效果图 8）

横枨（侧）

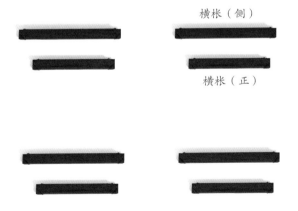

横枨（正）

部件示意—架几横枨（效果图 9）

251

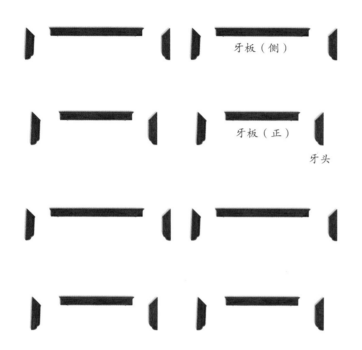

牙板（侧）

牙板（正）

牙头

部件示意—架几牙子（效果图 10）

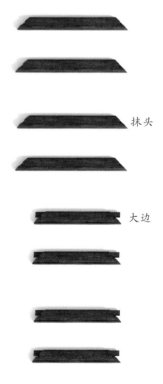

抹头

大边

部件示意—架几托泥（效果图 11）

252

腿子

铜包角

部件示意—架几腿子（效果图 12）

6. 细部详解

细部效果—案面（效果图 13）

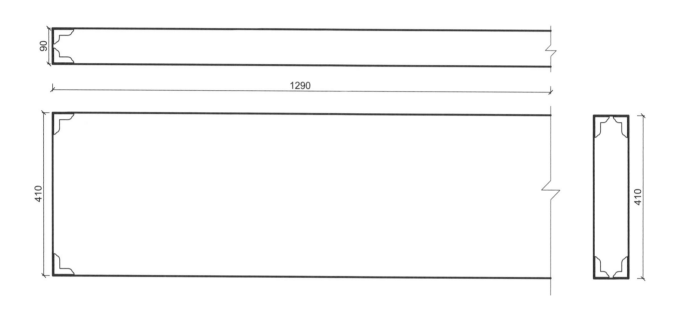

细部结构—案面（CAD 图 2）

细部效果—架几绦环板（效果图 14）

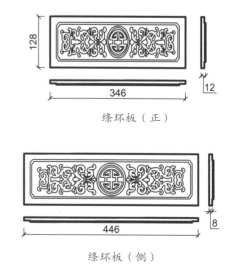

绦环板（正）

绦环板（侧）

细部结构—架几绦环板（CAD 图 3 ~ 图 4）

细部效果—架几几面（效果图15）

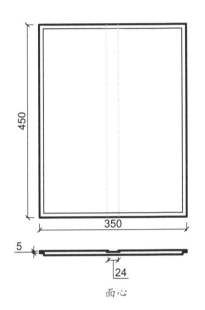

面心

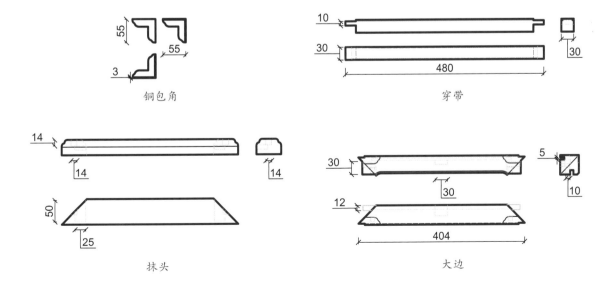

铜包角　　　　　　　　　　　　　　穿带

抹头　　　　　　　　　　　　　　大边

细部结构—架几几面（CAD 图5～图9）

255

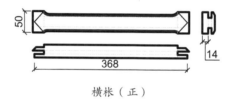

细部效果—架几横枨（效果图 16）

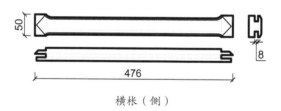

横枨（正）

横枨（侧）

细部结构—架几横枨（CAD 图 10 ～ 图 11）

256

细部效果—架几牙子（效果图17）

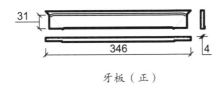

牙板（正）

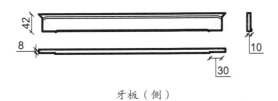

牙板（侧）

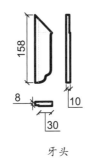

牙头

细部结构—架几牙子（CAD 图 12 ~ 图 14）

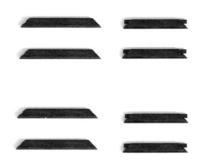

细部效果—架几托泥（效果图 18）

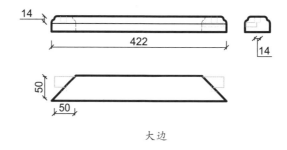

大边

抹头

细部效果—架几腿子（效果图 19）

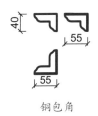

铜包角

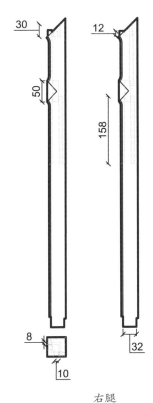

右腿

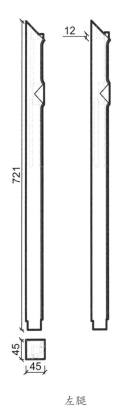

左腿

细部结构—架几腿子（CAD 图 17 ~ 图 19）

嵌大理石小条案

材质：黄花梨

年款：明

整体外观（效果图1）

1. 器形点评

此案案面为长方形，四边攒框，嵌大理石面心。案面下有直牙板，牙头有委角，突出层次感。四腿为圆材劈料做，侧脚收分，足端有铜套足。前后腿间有双横枨相连，亦为多混面劈料做法。

2. CAD 图示

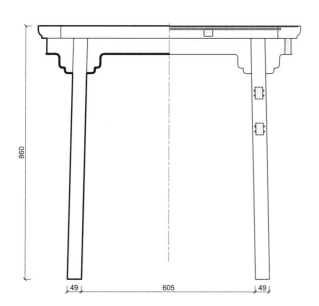

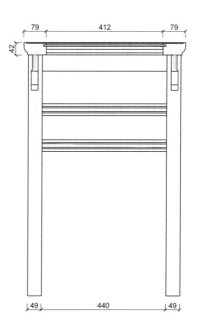

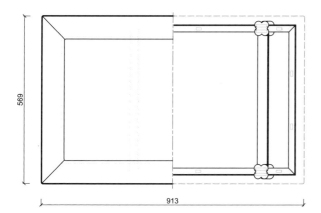

三视结构（CAD 图 1）

3. 用材效果

用材效果（材质：紫檀；效果图 2）

用材效果（材质：黄花梨；效果图 3）

用材效果（材质：红酸枝；效果图 4）

4. 结构爆炸

结构爆炸（效果图5）

5. 部件示意

大边

石心

抹头

托带

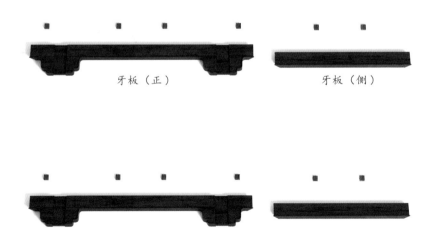

牙板（正）

牙板（侧）

部件示意—横枨（效果图 8）

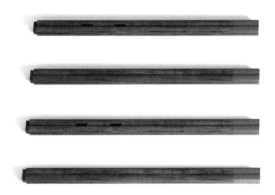

部件示意—腿子（效果图 9）

6. 细部详解

细部效果—案面（效果图 10）

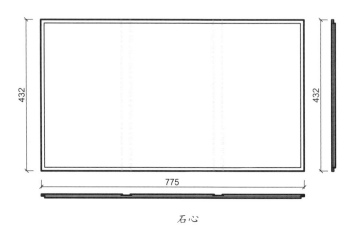

石心

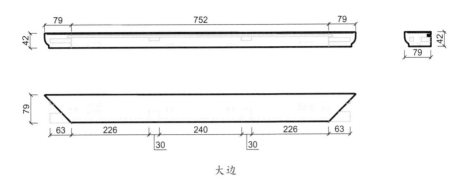

大边

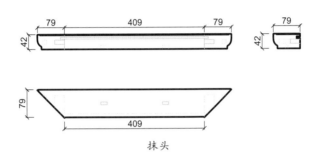

抹头

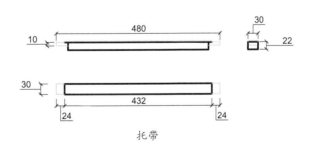

托带

细部结构—案面（CAD 图 2～图 5）

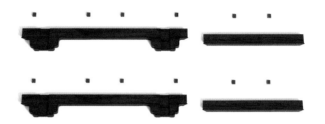

细部效果—牙板（效果图 11）

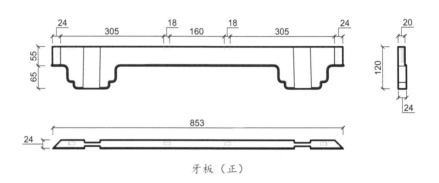

牙板（正）

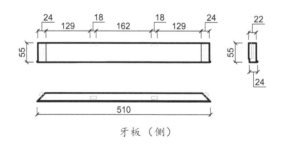

牙板（侧）

细部结构—牙板（CAD 图 6 ~ 图 7）

268

细部效果—横枨（效果图 12）

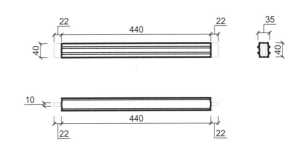

细部结构—横枨（CAD 图 8）

细部效果—腿子（效果图 13）

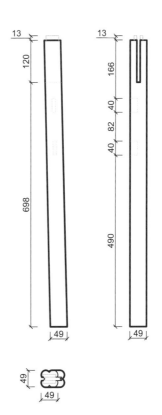

细部结构—腿子（CAD 图 9）

图版索引